华为智能计算技术丛书

HUAWEI

数据库原理及应用实验

基于GaussDB的实现方法

李雁翎◎编著

U0198030

清华大学出版社

北京

内 容 简 介

本书为《数据库原理及应用——基于 GaussDB 的实现方法》(ISBN 为 9787302580850)的配套实验教材。本书将数据库系统开发项目情景引入课程，使学习者在近似于实际项目开发过程的情景下完成相关任务，体验相对完整的软件开发过程，理解软件工程的基本思想和方法。作者以设计"多层次实验"为宗旨，依据软件开发流程与规范，编排了 12 个实验项目。全部实验从"点—线—面"3 个维度逐级扩展，从强化"知识点"入手，以数据库应用系统"开发生命周期"为主线进行设计，逐层递进，将一个完整的、实用的数据库应用案例以"整体面貌"展示在实验之中。

本书所编排的实验有两类：一是基础性的、以教学主导的验证性实验，这类实验在教学过程学生可以自主完成；二是设计类的、由学生参与设计的实验，这类实验可随着实验层次的递进，在验证性实验基础上适当提升难度，目的是检验学生的综合能力，提高学生的自主创新意识。本书还包括与主教材各章节配套的习题，用于学习和检验数据库基础理论、数据库管理系统控制原理以及数据库应用技术的相关知识。

本书可作为"数据库原理"课程的教学实验用书，也可帮助数据库爱好者进行自主学习。

图书在版编目(CIP)数据

数据库原理及应用实验：基于 GaussDB 的实现方法/李雁翎编著.—北京：清华大学出版社，2022.7(2024.9重印)

(华为智能计算技术丛书)

ISBN 978-7-302-60599-7

Ⅰ.①数…　Ⅱ.①李…　Ⅲ.①关系数据库系统—教材　Ⅳ.①TP311.132.3

中国版本图书馆 CIP 数据核字(2022)第 064774 号

责任编辑：曾　珊　李　晔
封面设计：李召霞
责任校对：郝美丽
责任印制：刘海龙

出版发行：清华大学出版社
　　　　网　　　址：https://www.tup.com.cn, https://www.wqxuetang.com
　　　　地　　　址：北京清华大学学研大厦 A 座　　　邮　　编：100084
　　　　社 总 机：010-83470000　　　　　　　　　邮　　购：010-62786544
　　　　投稿与读者服务：010-62776969, c-service@tup.tsinghua.edu.cn
　　　　质量反馈：010-62772015, zhiliang@tup.tsinghua.edu.cn
　　　　课件下载：https://www.tup.com.cn, 010-83470236
印 装 者：三河市君旺印务有限公司
经　　销：全国新华书店
开　　本：186mm×240mm　　印　张：17.5　　　　字　　数：313 千字
版　　次：2022 年 9 月第 1 版　　　　　　　　　　印　　次：2024 年 9 月第 3 次印刷
印　　数：2001~2300
定　　价：66.00 元

产品编号：090402-01

前　　言

数据库技术是计算机应用的重要分支。GaussDB(for MySQL)云数据库是华为公司自主研发的最新一代企业级高扩展海量存储分布式数据库管理系统,完全兼容MySQL。

本实验指导教程可以结合《数据库原理及应用——基于 GaussDB 的实现方法》(ISBN 为 9787302580850)使用。本书基于 GaussDB(for MySQL)云数据库环境,以一个实际的数据库应用系统为主线,将数据库系统开发项目情景引入课程,在运用计算机进行数据处理的过程中,将有关数据采集、整理、存储、分类、排序、检索、维护、加工、统计和传输等一系列操作过程的知识和技术,设计为分知识点、分层级和分难易的数据库实验案例,力图以其提供的知识体系和实验体系为主线,着力培养学生和读者用户分析问题和解决问题的能力。学习者在近似于实际项目开发过程的情景下完成相关任务,体验相对完整的软件开发过程,理解软件工程的基本思想和方法,进而加强对主教材内容的掌握和实操训练,实现讲授与学习的目标。

全书共分 3 部分。

- 第一部分:实验指导及系统开发案例;
- 第二部分:习题集;
- 第三部分:数据库设计案例和习题答案。

其中:

实验指导根据主教材第 1~13 章讲述的相关内容,编排了 12 个综合实验(见下页图)。

本实验指导教程所编排的实验有两类:一是基础性的、以教学主导的验证性实验,这类实验在教学过程学生可以自主完成;二是设计类的、由学生参与设计的实验,这类实验可随着实验层次的递进,在验证性实验基础上适当提升难度,目的是检验学生的综合能力,提高学生自主实操及应用创新的意识。

全部实验编排以"多层次实验"为宗旨,依据软件开发流程与规范,共设计了 12 个实验项目。这些实验从"点—线—面"3 个维度逐级扩展,从强化"知识点"入手,以数据库应用系统"开发生命周期"为主线进行设计,逐层递进,将一个完整

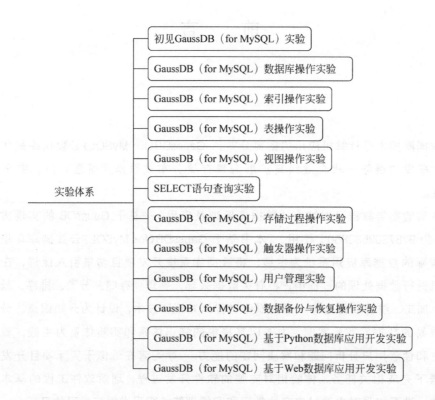

的、实用的数据库应用系统案例展示在实验之中。我们将主教材的内容设计成有 3 个层次的"知识点树",每个具体实验题目,以第 3 层的"知识点"内容来设计构成 "点",各实验间以第 2 层"知识点"相关联构成"线",最后以案例的形式将各实验综合构成"面"。

每个综合实验都包括实验目标和操作步骤。在内容编排设计上,力图通过综合实验对主教材相关章节的内容加以消化和理解,尽量综合相关内容使之扩展应用能力,并对各章节的知识点做了适当的扩充,使实验的应用性、综合性相对于主教材例题有所扩展和提升,有利于对主教材知识点的掌握和实践能力的提高。

本实验指导教程还配有与主教材各章节配套的习题,用于数据库基础理论、数据库管理系统控制原理以及数据库应用技术相关知识的学习检验。习题集内容是针对《数据库原理及应用——基于 GaussDB 的实验方法》全书 13 个章节的内容编排的,有思考题、判断题、填空题等。力图通过对主教材所介绍的概念、知识点做集中温习,以检验和巩固学习内容。

为了更好地进行数据库应用系统开发,提供了数据库设计案例,也针对习题集的部分内容提供相应参考答案,供师生阅读使用。

本书在编写过程中,得到华为公司张霄鸾、赵成、张迪、张昆、王立、贾新华、康阳、赵新新、张彦轩等数据库专家的大力支持;东北师范大学张邦佐、侯鲲提供了数据库设计案例,刘征参与了本书实验素材设计,对程序实例进行了验证,并给予了良好的建议;清华大学出版社盛东亮、曾珊在本书编写过程中给予了各种支持。 在此一并表示感谢。

由于作者水平有限,书中难免有不足之处,欢迎广大读者批评指正。

作　者

2022 年 5 月

CONTENTS
目 录

第 1 章

初见 GaussDB(for MySQL)实验

GaussDB(for MySQL)云数据库是华为自主研发的最新一代企业级高扩展海量存储分布式数据库,完全兼容 MySQL。它基于华为最新一代 DFV 存储技术,采用计算存储分离集群架构,包括一个写节点(主节点)和多个读节点(只读节点),各节点共享底层的存储(DFV)。128TB 的海量存储,无须分库分表,数据零丢失,既拥有商业数据库的高可用性和高性能,又兼具高开源、低成本效益。

在了解了数据库相关概念和 GaussDB(for MySQL)的常用概念后,我们就可以方便快捷地熟悉 GaussDB(for MySQL)工作环境。

本章的主要实验内容包括:

(1) 进入 GaussDB(for MySQL);

(2) 连接 GaussDB(for MySQL)实例;

(3) GaussDB(for MySQL)工作环境。

1.1 进入 GaussDB(for MySQL)

华为云数据管理服务(Data Administration Service,DAS)是一款可视化的专业数据库管理工具,可获得执行 SQL、高级数据库管理、智能化运维等功能,可做到易用、安全、高级、智能地管理数据库。以下通过使用 DAS 连接数据库实例,一同走进 GaussDB(for MySQL)环境,开始 GaussDB(for MySQL)的第一个实验。

1. 实验目标

进入 GaussDB(for MySQL)工作环境,要完成如下实验内容:

(1) 根据业务需求,确认 GaussDB(for MySQL)实例的规格、网络配置、数据库用户配置信息等,即注册华为云账号,通过账号登录华为云;

（2）通过数据管理服务连接并管理实例，进入 GaussDB(for MySQL)工作环境。

2．操作步骤

进入 GaussDB(for MySQL)。

操作步骤如下：

（1）打开"浏览器"，输入网址 https://auth.huaweicloud.com/authui/login.html，进入"华为云-账号登录"窗口，如图 1-1 所示。

图 1-1　"华为云-账号登录"窗口

（2）在"华为云-账号登录"窗口，首先输入账号名和密码，然后单击"登录"按钮，若验证通过，则登录成功，进入"华为云"管理平台首页，如图 1-2 所示。

图 1-2　"华为云"管理平台首页

（3）在"华为云"管理平台首页，选择菜单栏的"控制台"选项，进入"控制台"窗口，如图 1-3 所示。

图 1-3 "控制台"窗口

（4）在"控制台"窗口的"服务列表"区域选择"云数据库 GaussDB"选项，如图 1-4 所示，进入"云数据库 GaussDB-管理控制台"窗口，如图 1-5 所示。

图 1-4 "云数据库 GaussDB"选项

（5）首先在"云数据库 GaussDB"区域，选择"实例管理"选项，然后在"实例列表"中选定"操作"的数据库，单击"登录"按钮，进入"实例登录"窗口，如图 1-6 所示。

（6）在"实例登录"窗口，首先输入登录数据库的"登录用户名"和"密码"，然后确认登录页面的配置信息，再单击"登录"按钮，进入"数据管理服务-控制台"窗口，成功登录 GaussDB，如图 1-7 所示。

图 1-5 "云数据库 GaussDB-管理控制台"窗口

图 1-6 "实例登录"窗口

图 1-7 "数据管理服务-控制台"窗口

1.2　GaussDB(for MySQL)工作环境全景写真

　　GaussDB(for MySQL)工作环境基于"数据管理服务-控制台"来实现对数据库的基本操作。用户可以使用"数据管理服务-控制台"提供的 Web 界面,完成 GaussDB(for MySQL)的相关操作,也可以通过 SQL 语句来实现相关的操作。

1. 实验目标

　　具体体验 GaussDB(for MySQL)工作环境实验如下:
　　(1) 了解 GaussDB(for MySQL)的"数据管理服务-控制台"窗口的基本构成;
　　(2) 了解 GaussDB(for MySQL)的"数据管理服务-控制台"窗口的功能菜单;
　　(3) 了解 GaussDB(for MySQL)的"数据管理服务-控制台"窗口的功能选项卡。

2. 操作步骤

　　体验 GaussDB(for MySQL)工作环境。
　　操作步骤如下:
　　(1) GaussDB(for MySQL)的"数据管理服务-控制台"窗口,主要由 3 个功能区域组成,分别为菜单栏、功能选项卡和操作区。
　　在 GaussDB(for MySQL)的"数据管理服务-控制台"窗口,选择菜单栏相应选项,可以打开对应的功能选项卡,随即在 GaussDB(for MySQL)的"数据管理服务-控制台"窗口打开不同的操作区界面,支持用户方便地进行数据库操作,如图 1-8 所示。
　　(2) 在"数据管理服务-控制台"窗口,可分别打开菜单栏区域的不同菜单选项,从而完成不同的数据库操作,如图 1-9 所示。
　　(3) 在"数据管理服务-控制台"窗口,打开菜单栏中的"SQL 操作"选项,选择"SQL 查询"菜单命令,打开"SQL 查询"选项卡,可在其中进行 SQL 语句的编辑、执行和 SQL 诊断等操作,如图 1-10 所示。
　　(4) 在"数据管理服务-控制台"窗口,打开菜单栏中的"SQL 操作"选项,选择"SQL 执行记录"菜单命令,打开"SQL 执行记录"选项卡,其中可以显示执行 SQL 语句操作的相关信息,如图 1-11 所示。

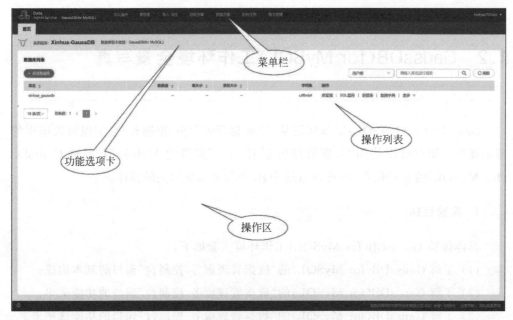

图 1-8 "数据管理服务-控制台"窗口

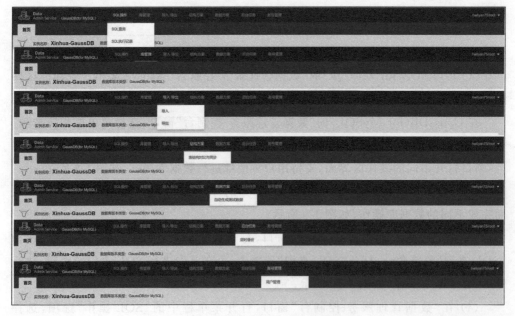

图 1-9 菜单栏区域的菜单项

图 1-10　"SQL 操作-SQL 查询"选项

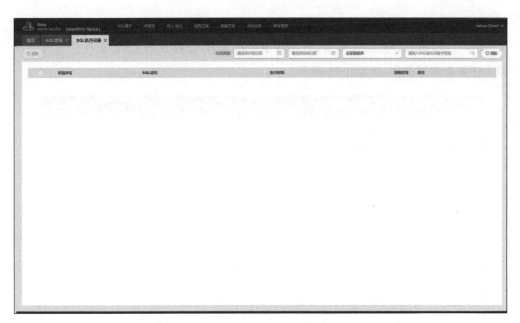

图 1-11　"SQL 操作-SQL 执行记录"选项

（5）在"数据管理服务-控制台"窗口，打开菜单栏中的"库管理"选项，选择"库管理"菜单命令，打开"库管理"选项卡，可在其中进行数据库对象（表、视图、存储过程、事件、触发器和函数)的相关操作,如图 1-12 所示。

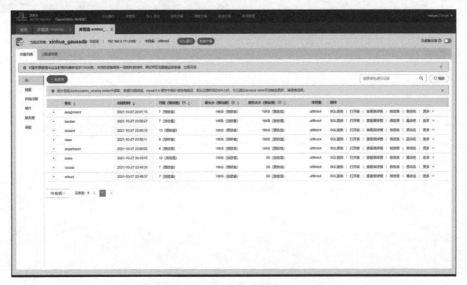

图 1-12 "库管理"选项

(6) 在"数据管理服务-控制台"窗口,打开菜单栏中的"导入/导出"选项,选择"导入"菜单命令,打开"导入"选项卡,可在其中进行 SQL 文件或者 CSV 文件的导入以及导入任务查询等操作,如图 1-13 所示。

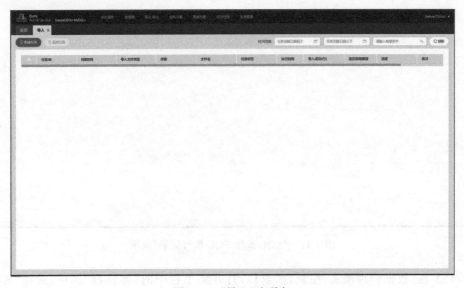

图 1-13 "导入"选项卡

（7）在"数据管理服务-控制台"窗口，打开菜单栏中的"导入/导出"选项，选择"导出"菜单命令，打开"导出"选项卡，可在其中进行 SQL 文件或者 CSV 文件的导出以及导出任务查询等操作，如图 1-14 所示。

图 1-14　"导出"选项卡

（8）在"数据管理服务-控制台"窗口，打开菜单栏中的"结构方案"选项，选择"表结构对比与同步"菜单命令，打开"表结构对比与同步"选项卡，可在其中进行数据库表结构的对比和同步以及同步任务的查询等操作，如图 1-15 所示。

（9）在"数据管理服务-控制台"窗口，打开菜单栏中的"数据方案"选项，选择"自动生成测试数据"菜单命令，打开"自动生成测试数据"选项卡，可在其中进行数据库测试数据的生成以及生成任务的查询等操作，如图 1-16 所示。

（10）在"数据管理服务-控制台"窗口，打开菜单栏中的"账号管理"选项，选择"用户管理"菜单命令，打开"用户管理"选项卡，可在其中进行用户权限授权，以及查看用户权限信息等，如图 1-17 所示。

以上是 GaussDB(for MySQL)工作环境全景写真。

如果使用 GaussDB(for MySQL)进行数据库操作，那么这就是我们走过的第一个行程。

图 1-15 "表结构对比与同步"选项卡

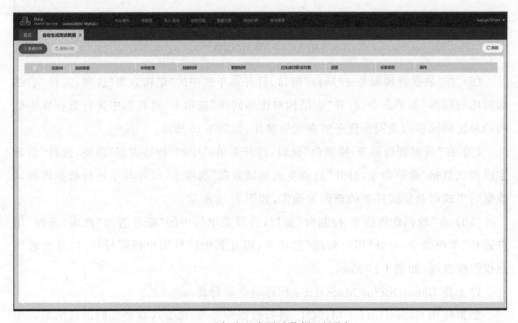

图 1-16 "自动生成测试数据"选项卡

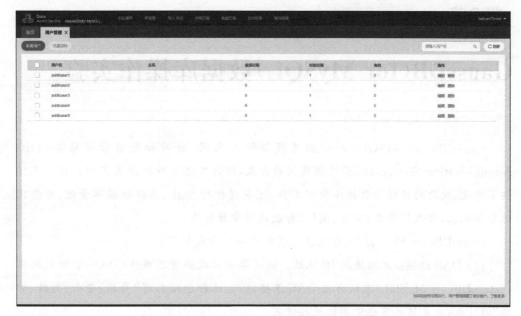

图 1-17　"用户管理"选项卡

第2章

GaussDB(for MySQL)数据库操作实验

GaussDB(for MySQL)云数据库提供使用内网、公网和数据管理服务(Data Administration Service,DAS)连接实例的方式,同时为这3种数据库实例连接方式提供了方便、快捷的可视化数据库管理工具,可获得执行 SQL、高级数据库管理、智能化运维等功能,可做到易用、安全、高级、智能地管理数据库。

GaussDB(for MySQL)3 种数据库实例连接的方式如下。

(1) DAS 连接:无须使用 IP 地址。通过华为云数据管理服务(DAS)管理数据库(GaussDB(for MySQL)默认开通 DAS 连接权)。这种连接具有"易用、安全、高级、智能"的特点,也是推荐首选使用的连接方式。

(2) 内网连接:内网 IP 地址。系统默认提供内网 IP 地址,当应用部署在弹性云服务器上,且该弹性云服务器与 GaussDB(for MySQL)实例处于同一区域、同一 VPC 时,建议单独使用内网 IP 连接弹性云服务器与 GaussDB(for MySQL)数据库实例。这种连接安全性高,可实现 GaussDB(for MySQL)的较好性能。这也是推荐使用的连接方式之一。

(3) 公网连接:弹性公网 IP 地址。不能通过内网 IP 地址访问 GaussDB(for MySQL)实例时,可以使用公网访问。建议单独绑定弹性公网 IP 连接弹性云服务器与 GaussDB(for MySQL)数据库实例连接。这种连接会降低安全性,为了获得更快的传输速率和更高的安全性,建议将应用迁移到与你的 GaussDB(for MySQL)实例处于同一 VPC 内,这样可使用内网连接。

本章介绍的主要实验内容包括:

(1) 创建数据库实例;

(2) 修改数据库实例名称;

(3) 设置数据库参数;

(4) 利用视图进行数据更新。

2.1　创建空数据库

创建 GaussDB(for MySQL)空数据库,且只完成数据库创建工作。这是一个最简单的操作。

1. 实验目标

创建 GaussDB(for MySQL)空数据库,将其命名为 XinHua_GaussDB[*]。

2. 操作步骤

创建空数据库。

操作步骤如下:

(1) 打开浏览器,输入网址 https://auth.huaweicloud.com/authui/login.html,进入"华为云-账号登录"窗口。

(2) 在"华为云-账号登录"窗口,首先输入用户名和密码,然后单击"登录"按钮,若验证通过,则登录成功,进入"华为云"管理平台首页。

(3) 在"华为云"管理平台首页,选择菜单栏的"控制台"选项,进入"控制台"窗口。

(4) 在"控制台"窗口,在"服务列表"区域,选择"云数据库 GaussDB"选项,进入"云数据库 GaussDB-管理控制台"窗口。

(5) 在"云数据库 GaussDB-管理控制台"窗口完成登录,进入"数据管理服务-控制台"窗口,如图 2-1 所示。

(6) 在"数据管理服务-控制台"窗口的操作区中,单击"新建数据库"按钮,进入"新建数据库"窗口,如图 2-2 所示。

(7) 在"新建数据库"窗口,首先输入创建数据库的名字(XinHua_GaussDB),然后,选择字符集类型,最后单击"确定"按钮,完成 XinHua_GaussDB 数据库的创建,如图 2-3 所示。

---

　*　本书中的操作部分未对数据库、数据库实例、数据表等的名称区分大小写,故会出现界面图和代码中上述名称字母大小写与正文表述不一致的情况。

图 2-1 "数据管理服务-控制台"窗口

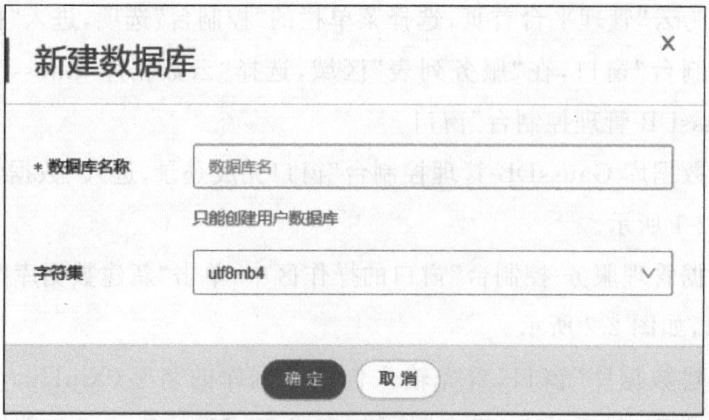

图 2-2 "新建数据库"窗口

图 2-3　新建数据库(Xinhua_GaussDB)

2.2　利用 SQL 语句创建数据库

利用 SQL 语句创建数据库是创建数据库的另一种方法,也是常用的一种方法。

1. 实验目标

利用 SQL 数据库定义语句创建数据库,将数据库命名为 XinHua_GaussDB_1。

2. 操作步骤

操作步骤如下:

(1)打开浏览器,输入网址 https://auth. huaweicloud. com/authui/login. html,进入"华为云-账号登录"窗口。

(2)在"华为云-账号登录"窗口,首先输入账号和密码,然后单击"登录"按钮,若验证通过,则登录成功,进入"华为云"管理平台首页。

（3）在"华为云"管理平台首页，选择菜单栏的"控制台"选项，进入"控制台"窗口。

（4）在"控制台"窗口，在"服务列表"区域，选择"云数据库 GaussDB"选项，进入"云数据库 GaussDB-管理控制台"窗口。

（5）在"云数据库 GaussDB-管理控制台"窗口完成登录，进入"数据管理服务-控制台"窗口，如图 2-4 所示。

图 2-4　"数据管理服务-控制台"窗口

（6）在"数据管理服务-控制台"窗口，打开菜单栏中的"SQL 操作"选项，选择"SQL 查询"菜单命令，打开"SQL 查询"选项卡，如图 2-5 所示。

（7）在"SQL 查询"选项卡的 SQL 编辑区，输入如下 SQL 语句：

CREATE DATABASE IF NOT EXISTS xinhua_gaussDB_1;

在"SQL 查询"选项卡中单击"执行 SQL(F8)"按钮，完成 XinHua_GaussDB_1 数据库的创建，如图 2-6 所示。

（8）在"SQL 查询"窗口，关闭"SQL 查询"选项卡，返回"数据管理服务-控制台"首页，我们可以从数据库列表中看到新建的数据库（XinHua_GaussDB_1），如图 2-7 所示。

图 2-5　"SQL 查询"选项卡

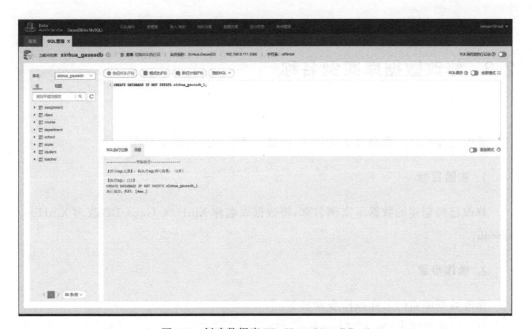

图 2-6　创建数据库(XinHua_GaussDB_1)

图 2-7　完成创建数据库(XinHua_GaussDB_1)

2.3　修改数据库实例名称

修改已经创建的数据库实例名称,也是一种常用的数据库操作。

1. 实验目标

修改已经创建的数据库实例名称,将数据库名称 XinHua_GaussDB 改为 XinHua_newdb。

2. 操作步骤

修改数据库实例名称操作步骤如下:

(1) 打开浏览器,输入网址 https://auth. huaweicloud. com/authui/login. html,进入“华为云-账号登录”窗口。

(2) 在“华为云-账号登录”窗口,首先输入账号和密码,然后单击“登录”按钮,若验证通过,则登录成功,进入"华为云"管理平台首页。

(3) 在"华为云"管理平台首页,选择菜单栏的"控制台"选项,进入"控制台"窗口。

(4) 在"控制台"窗口,在"服务列表"区域选择"云数据库 GaussDB"选项,进入"云数据库 GaussDB-管理控制台"窗口。

(5) 在"云数据库 GaussDB-管理控制台"窗口,首先在"云数据库 GaussDB"区域,选择要更名的"数据库实例",如图 2-8 所示。

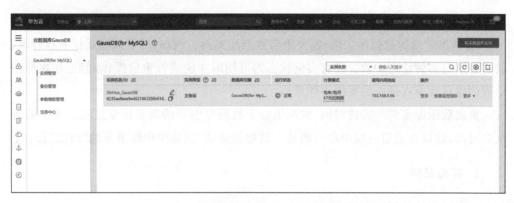

图 2-8　"数据管理服务-控制台"修改数据库名称

(6) 在"云数据库 GaussDB-管理控制台"窗口,选择"数据库实例"名称,单击 ⬚ 按钮,打开"编辑实例名称"窗口,如图 2-9 所示。

图 2-9　"编辑实例名称"窗口

(7) 在"编辑实例名称"窗口,首先输入更改后的数据库实例名称,单击"确定"按钮,结束编辑数据库实例名称的操作。

注意:实例名称长度为 4~64 个字符,必须以字母开头,可包含大写字母、小写字母、数字、中画线或下画线，不能包含其他特殊字符。

（8）在实例的"基本信息"页面可以查看修改结果。

2.4 重启数据库实例

通常出于维护数据库实例，需要重启数据库实例。例如，对于某些运行参数修改，就需要重启实例使之生效。只有实例状态为可用时才能进行重启操作，但正在执行备份或创建只读节点任务的实例不能重启。

重启数据库实例所需的时间，取决于特定数据库引擎的崩溃恢复过程。为了缩短重启时间，建议在重启过程中尽可能减少数据库活动，以减少中转事务的"回滚"操作。

1. 实验目标

重启已有的数据库实例（XinHua_GaussDB）。

2. 操作步骤

重启数据库实例。

操作步骤如下：

（1）打开浏览器，输入网址 https://auth. huaweicloud. com/authui/login. html，进入"华为云-账号登录"窗口。

（2）在"华为云-账号登录"窗口，首先输入账号和密码，然后单击"登录"按钮，若验证通过，则登录成功，进入"华为云"管理平台首页。

（3）在"华为云"管理平台首页，选择菜单栏的"控制台"选项，进入"控制台"窗口。

（4）在"控制台"窗口的"服务列表"区域，选择"云数据库 GaussDB"选项，进入"云数据库 GaussDB-管理控制台"窗口。

（5）在"云数据库 GaussDB-管理控制台"窗口中，首先在"云数据库 GaussDB"区域选择要重启的"数据库实例"，打开"更多"下拉列表框，如图 2-10 所示。

（6）在"云数据库 GaussDB-管理控制台"窗口的"更多"下拉列表框中选择"重启实例"命令，弹出"去验证"对话框，如图 2-11 所示。

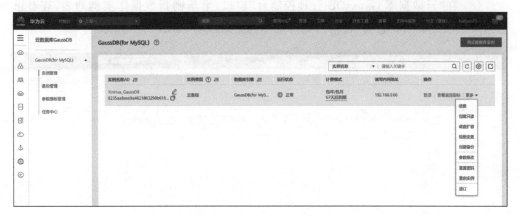

图 2-10　"更多"下拉列表框

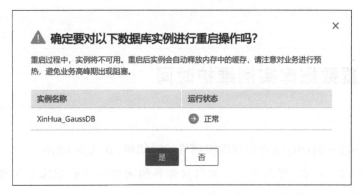

图 2-11　"去验证"对话框

（7）在"去验证"对话框中单击"是"按钮,进行数据库实例重启,如图 2-12 所示。

图 2-12　数据库实例重启中

（8）在"云数据库 GaussDB-管理控制台"窗口，重新刷新数据库实例列表，查看重启结果。如果实例状态为"正常"，则说明实例重启成功，如图 2-13 所示。

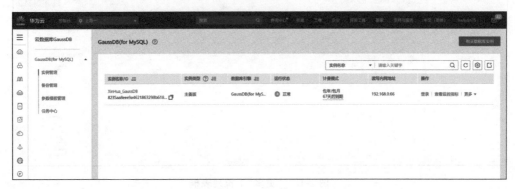

图 2-13　成功重启数据库实例

2.5　设置数据库实例维护时间

GaussDB(for MySQL)对数据库实例维护时间段，默认为 02:00～06:00。如果用户业务需求与其不一致，那么可以根据自身业务的需要设置数据库实例维护时间段。建议将数据库实例可维护时间段设置在业务低峰期，避免业务在维护过程中异常中断。

1. 实验目标

设置数据库实例(XinHua_GaussDB)维护时间。

2. 操作步骤

设置数据库实例维护时间操作步骤如下：

（1）打开浏览器，输入网址 https://auth.huaweicloud.com/authui/login.html，进入"华为云-账号登录"窗口。

（2）在"华为云-账号登录"窗口，首先输入账号和密码，然后单击"登录"按钮，若验证通过，则登录成功，进入"华为云"管理平台首页。

（3）在"华为云"管理平台首页,选择菜单栏的"控制台"选项,进入"控制台"窗口。

（4）在"控制台"窗口的"服务列表"区域,选择"云数据库 GaussDB"选项,进入"云数据库 GaussDB-管理控制台"窗口。

（5）在"云数据库 GaussDB-管理控制台"窗口的"云数据库 GaussDB"区域,单击需要更改维护时间的"数据库实例"名称,进入"基本信息"窗口,如图 2-14 所示。

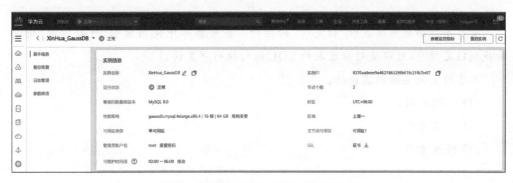

图 2-14　数据库实例的"基本信息"窗口

（6）在"基本信息"窗口单击"可维护时间段"后面的"修改"按钮,弹出"修改可维护时间段"对话框,如图 2-15 所示。

图 2-15　"修改可维护时间段"对话框

（7）在"修改可维护时间段"对话框中选择一个可维护时间段,单击"确定"按钮,完成可维护时间段的修改。

第 3 章

GaussDB(for MySQL)索引操作实验

索引是指向数据库表中"指定列"的指针。在数据库中使用索引，可以方便、快速地找到特定信息，可以使对应于表的 SQL 语句执行得更快。

本章的主要实验内容包括：

(1) 创建索引；

(2) 查看索引；

(3) 修改索引；

(4) 删除索引。

3.1 创建索引

GaussDB(for MySQL)提供了利用"管理控制台"和利用 SQL 语句创建数据库表中索引的操作方法。两种方法都可以方便地实现索引的创建。

3.1.1 利用"管理控制台"创建索引

1. 实验目标

利用"管理控制台"为课程表 course 创建普通索引，生成的索引文件命名为 ind_course_name，根据索引字段 Course_name 的值，以降序方式排列索引文件的内容，索引类型设置为 Normal，索引方式设置为 BTREE。

2. 操作步骤

利用"管理控制台"创建索引。

操作步骤如下：

（1）打开浏览器，进入"华为云-账号登录"窗口。

（2）在"华为云-账号登录"窗口登录，进入"华为云"管理平台首页。

（3）在"华为云"管理平台首页选择"控制台"选项，进入"控制台"窗口。

（4）在"控制台"窗口选择"云数据库 GaussDB"选项，进入"云数据库 GaussDB-管理控制台"窗口。

（5）在"云数据库 GaussDB-管理控制台"窗口选择"库管理"菜单命令，打开"库管理"选项卡，如图 3-1 所示。

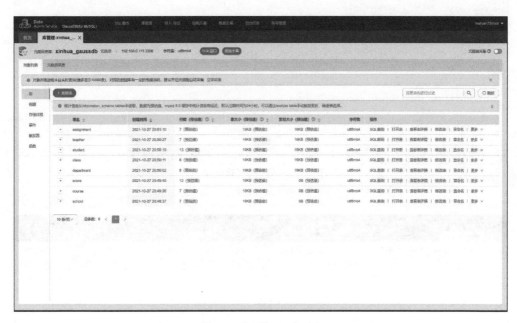

图 3-1　"库管理"选项卡

（6）在"库管理"选项卡中，首先选择需要创建索引的表 course，然后单击"修改表"按钮，打开"修改表"选项卡，如图 3-2 所示。

（7）在"修改表"选项卡中选择"索引（可选）"选项，进入"编辑索引"窗口，如图 3-3所示。

（8）在"编辑索引"窗口，单击"添加"按钮，进入"添加索引"窗口，定义索引名为ind_course_name，如图 3-4 所示。

（9）在"添加索引"窗口单击"包含列"下的"编辑"按钮，弹出"请选择索引列"窗口，如图 3-5 所示。

（10）在"请选择索引列"窗口的"列信息"下拉列表框中选择索引字段（Course_

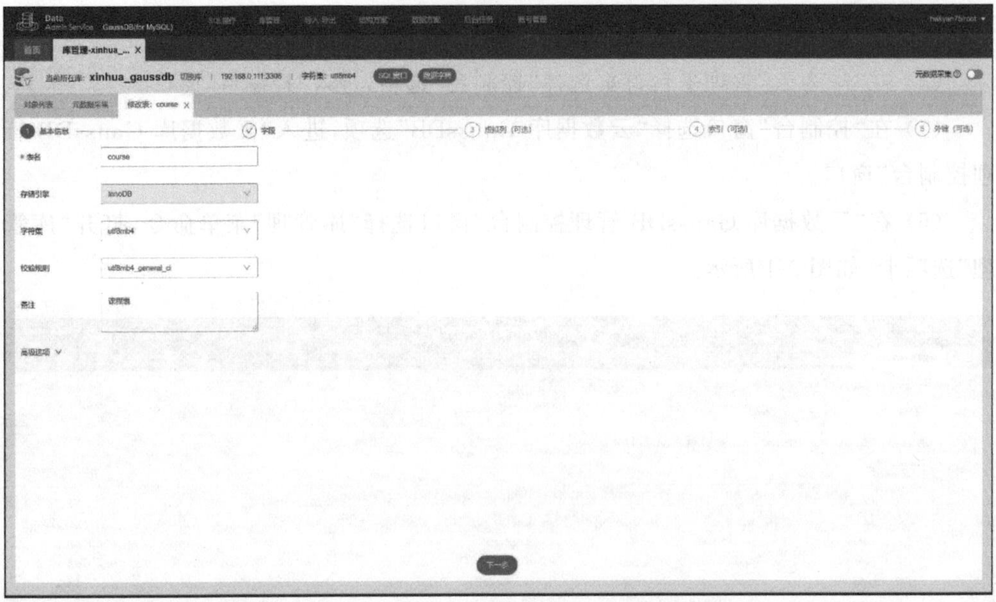

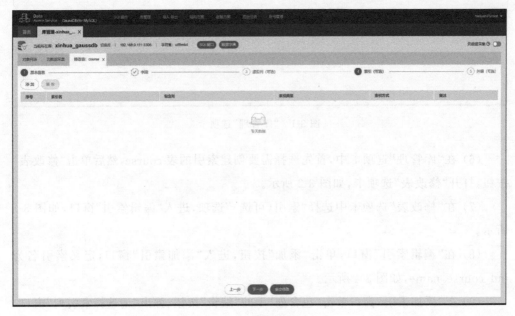

图 3-2 "修改表"选项卡

图 3-3 "编辑索引"窗口

图 3-4　"添加索引"窗口

图 3-5　"请选择索引列"窗口

name)，然后在"排序规则"下拉列表框中选择"降序"，最后单击"确定"按钮，返回"编辑索引"窗口。

（11）在"编辑索引"窗口的"索引类型"下拉列表框中选择 Normal，确定索引字段的索引类型，如图 3-6 所示。

图 3-6　选择索引类型

（12）在"编辑索引"窗口的"索引方式"下拉列表框中选择 BTREE，确定索引字段的索引方式，如图 3-7 所示。

图 3-7　选择索引方式

（13）完成所有索引参数的设置，单击"提交修改"按钮，GaussDB 会自动生成 SQL 语句，在"SQL 预览"窗口中单击"执行脚本"按钮，完成索引的创建，如图 3-8 所示。

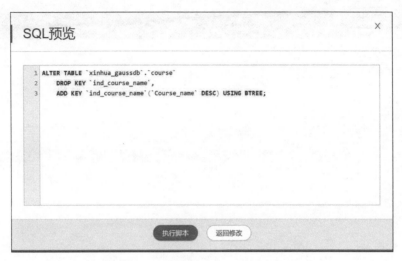

图 3-8　执行 SQL 语句完成索引创建

3.1.2　利用 SQL 语句创建索引

1. 实验目标

利用"管理控制台"，为学生表 student 创建普通索引，索引文件名为 student_name，索引字段为 Student_name。

2. 操作步骤

利用 SQL 语句创建索引。

操作步骤如下：

（1）打开浏览器，进入"华为云-账号登录"窗口。

（2）在"华为云-账号登录"窗口登录，进入"华为云"管理平台首页。

（3）在"华为云"管理平台首页选择"控制台"选项，进入"控制台"窗口。

（4）在"控制台"窗口选择"云数据库 GaussDB"选项，进入"云数据库 GaussDB-管理控制台"窗口。

（5）在"云数据库 GaussDB-管理控制台"窗口选择"库管理"菜单命令，打开"库管理"选项卡。

（6）在"库管理"选项卡中单击"SQL 窗口"按钮，打开"SQL 查询"选项卡，如图 3-9 所示。

图 3-9 "SQL 查询"选项卡

（7）在"SQL 查询"选项卡的 SQL 编辑区，输入如下 SQL 语句：

CREATE INDEX student_name USING BTREE on XinHua_GaussDB.student(student_name DESC);

在"SQL 查询"选项卡中单击"执行 SQL(F8)"按钮，执行结果如图 3-10 所示。

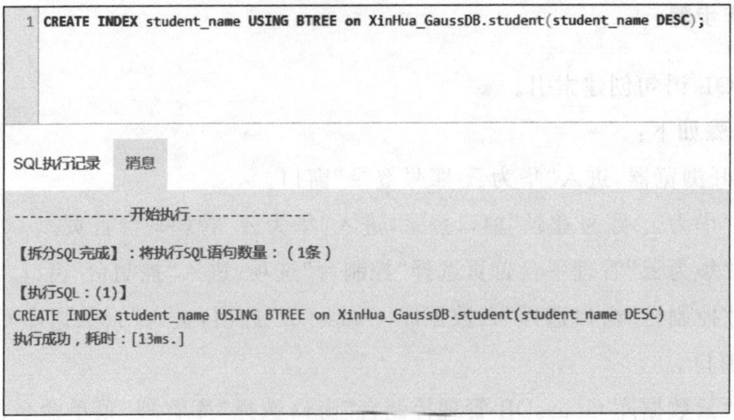

```
1  CREATE INDEX student_name USING BTREE on XinHua_GaussDB.student(student_name DESC);




SQL执行记录    消息

---------------开始执行---------------

【拆分SQL完成】：将执行SQL语句数量：（1条）

【执行SQL：(1)】
CREATE INDEX student_name USING BTREE on XinHua_GaussDB.student(student_name DESC)
执行成功，耗时：[13ms.]
```

图 3-10 创建索引执行结果

3.2　查看索引

一个应用数据库系统通常有多个数据库,每个数据库又有多个数据库表,而且每个数据库表也会根据应用的需求创建多个索引文件。为了更好地使用这些数据库中的数据,我们一定要了解数据库中数据库表的索引文件的内容。以下是有关查看索引的操作方法。

3.2.1　利用"管理控制台"查看索引

1. 实验目标

利用 GaussDB(for MySQL)"管理控制台"查看表 course 中的索引清单。

2. 操作步骤

利用"管理控制台"查看索引。

操作步骤如下:

(1) 打开浏览器,进入"华为云-账号登录"窗口。

(2) 在"华为云-账号登录"窗口登录,进入"华为云"管理平台首页。

(3) 在"华为云"管理平台首页选择"控制台"选项,进入"控制台"窗口。

(4) 在"控制台"窗口选择"云数据库 GaussDB"选项,进入"云数据库 GaussDB-管理控制台"窗口。

(5) 在"云数据库 GaussDB-管理控制台"窗口选择"库管理"菜单命令,打开"库管理"选项卡。

(6) 在"库管理"选项卡中选择创建索引的表(course),单击"修改表"按钮,打开"修改表"选项卡。

(7) 在"修改表"选项卡中,选择"索引(可选)"选项,进入"编辑索引"窗口,在"编辑索引"窗口就可以查看当前表的索引,如图 3-11 所示。

图 3-11　"编辑索引"窗口

3.2.2　利用 SQL 语句查看索引

1. 实验目标

利用 SQL 语句查看表 student 中的索引清单。

2. 操作步骤

利用 SQL 语句查看索引。

操作步骤如下：

(1) 打开浏览器，进入"华为云-账号登录"窗口。

(2) 在"华为云-账号登录"窗口登录，进入"华为云"管理平台首页。

(3) 在"华为云"管理平台首页选择"控制台"选项，进入"控制台"窗口。

(4) 在"控制台"窗口选择"云数据库 GaussDB"选项，进入"云数据库 GaussDB-管理控制台"窗口。

(5) 在"云数据库 GaussDB-管理控制台"窗口选择"库管理"菜单命令，打开"库管理"选项卡。

（6）在"库管理"选项卡中单击"SQL 窗口"按钮,打开"SQL 查询"选项卡。

（7）在"SQL 查询"选项卡的 SQL 编辑区,输入如下 SQL 语句:

SHOW INDEX FROM XinHua_GaussDB.student;

在"SQL 查询"选项卡中,单击"执行 SQL(F8)"按钮,执行结果如图 3-12 所示。

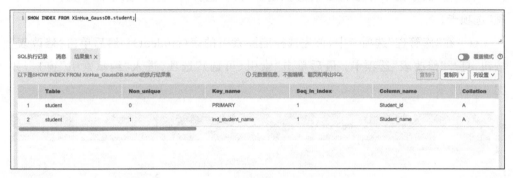

图 3-12　查看索引执行结果

3.3　修改索引

数据库表中的索引不是一成不变的,会根据数据库应用系统的需求不断修改维护。修改表中的索引,通常利用"管理控制台"来实现。

1. 实验目标

利用"管理控制台",修改表 student 中的索引,将字段 student_name 的排序规则从降序排列改为升序排列。

2. 操作步骤

利用"管理控制台"修改索引。
操作步骤如下:
（1）打开浏览器,进入"华为云-账号登录"窗口。

(2) 在"华为云-账号登录"窗口登录,进入"华为云"管理平台首页。

(3) 在"华为云"管理平台首页选择"控制台"选项,进入"控制台"窗口。

(4) 在"控制台"窗口选择"云数据库 GaussDB"选项,进入"云数据库 GaussDB-管理控制台"窗口。

(5) 在"云数据库 GaussDB-管理控制台"窗口选择"库管理"菜单命令,打开"库管理"选项卡。

(6) 在"库管理"选项卡中,首先选择删除索引的表(student);然后单击"修改表"按钮,打开"修改表"选项卡;最后单击"索引(可选)"选项,进入"编辑索引"窗口,如图 3-13 所示。

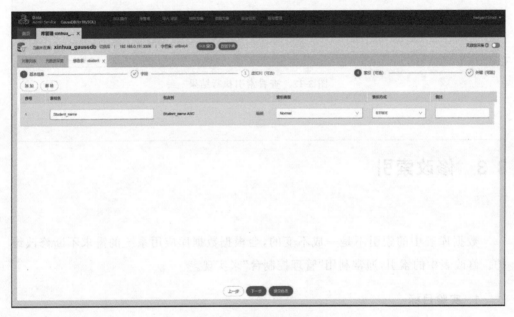

图 3-13　"编辑索引"窗口

(7) 在"编辑索引"窗口,单击"包含列"属性下的"编辑"按钮,弹出"请选择索引列"窗口,在"排序规则"下拉列表框中将"降序"改为"升序",如图 3-14 所示。

(8) 在"请选择索引列"窗口,首先单击"确定"按钮,返回"编辑索引"窗口;然后单击"提交修改"按钮,进入"SQL 预览"窗口,如图 3-15 所示;再单击"执行脚本"按钮,完成索引值的修改。

图 3-14　"请选择索引列"窗口

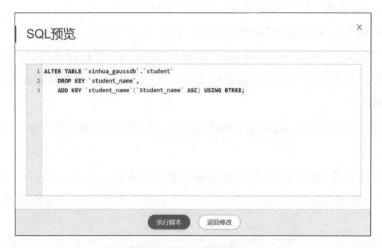

图 3-15　."SQL 预览"窗口

3.4　删除索引

　　索引文件固然作用很大,但索引文件过多,也会给数据库操作带来时间的损耗和不必要的麻烦。通常在数据库应用系统中,用户会根据问题求解的需要随时创建索引,也会随着问题的解决及时删除索引。GaussDB(for MySQL)提供了利用"管理控制台"和 SQL 语句删除索引的方法。

3.4.1 利用"管理控制台"删除索引

1. 实验目标

利用"管理控制台",删除表 student 中的索引 student_name。

2. 操作步骤

利用"管理控制台"删除索引。

操作步骤如下:

(1) 打开浏览器,进入"华为云-账号登录"窗口。

(2) 在"华为云-账号登录"窗口登录,进入"华为云"管理平台首页。

(3) 在"华为云"管理平台首页选择"控制台"选项,进入"控制台"窗口。

(4) 在"控制台"窗口选择"云数据库 GaussDB"选项,进入"云数据库 GaussDB-管理控制台"窗口。

(5) 在"云数据库 GaussDB-管理控制台"窗口选择"库管理"菜单命令,打开"库管理"选项卡。

(6) 在"库管理"选项卡中,首先选择删除索引的表(student);然后单击"修改表"按钮,打开"修改表"选项卡;最后单击"索引(可选)"选项,进入"编辑索引"窗口,如图 3-16 所示。

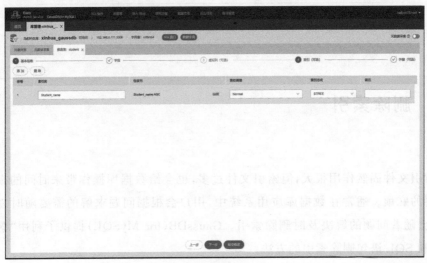

图 3-16 "编辑索引"窗口

（7）在"编辑索引"窗口，选中目标操作的索引行，当索引行变成选中状态后，单击"删除"按钮，完成删除操作。

3.4.2 利用 SQL 语句删除索引

1. 实验目标

利用 SQL 语句删除表 course 中的索引 index_name。

2. 操作步骤

利用 SQL 语句删除索引。

操作步骤如下：

（1）打开浏览器，进入"华为云-账号登录"窗口。

（2）在"华为云-账号登录"窗口登录，进入"华为云"管理平台首页。

（3）在"华为云"管理平台首页选择"控制台"选项，进入"控制台"窗口。

（4）在"控制台"窗口选择"云数据库 GaussDB"选项，进入"云数据库 GaussDB-管理控制台"窗口。

（5）在"云数据库 GaussDB-管理控制台"窗口选择"库管理"菜单命令，打开"库管理"选项卡。

（6）在"库管理"选项卡中单击"SQL 窗口"按钮，打开"SQL 查询"选项卡。

（7）在"SQL 查询"选项卡的 SQL 编辑区，输入如下 SQL 语句：

```
DROP INDEX index_name on XinHua_GaussDB.course;
```

在"SQL 查询"选项卡中，单击"执行 SQL(F8)"按钮，执行结果如图 3-17 所示。

图 3-17　删除索引执行结果

第4章

GaussDB(for MySQL)表操作实验

数据库表是数据库最基本的对象,它是数据库操作的核心环节。有关数据库表的操作通常包括两部分内容:一是数据库表的结构的操作;二是数据库表中数据的操作。无论是数据库表结构,还是数据库表中数据,操作方法有很多。

本章介绍的主要实验内容包括:

(1) 创建数据库表;

(2) 修改数据库表的结构;

(3) 向数据库表输入数据;

(4) 删除数据库表中的数据;

(5) 创建数据库表间的关联。

4.1 创建数据库表

创建数据库表,实质是定义数据库表的结构,GaussDB(for MySQL)提供了两种定义数据库表结构的方法。

4.1.1 利用"管理控制台"创建数据库表

1. 实验目标

根据如表 4-1 所示内容,利用"管理控制台"创建数据库表 school,即定义表结构。

表 4-1　school 表结构

字　段　名	字　段　别　名	字　段　类　型	字　段　长　度	索　　引	备　　注
School_id	学院编号	char	1	有(无重复)	主键
School_name	学院名称	char	10	—	
School_dean	院长姓名	char	6	—	
School_tel	电话	char	13	—	
School_addr	地址	char	10	—	

2. 操作步骤

利用"管理控制台"创建数据库表。

操作步骤如下:

(1) 打开浏览器,进入"华为云-账号登录"窗口。

(2) 在"华为云-账号登录"窗口登录,进入"华为云"管理平台首页。

(3) 在"华为云"管理平台首页选择"控制台"选项,进入"控制台"窗口。

(4) 在"控制台"窗口选择"云数据库 GaussDB"选项,进入"云数据库 GaussDB-管理控制台"窗口。

(5) 在"云数据库 GaussDB-管理控制台"窗口选择"库管理"菜单命令,打开"库管理"选项卡,如图 4-1 所示。

图 4-1　"库管理"选项卡

（6）在"库管理"选项卡中单击"新建表"按钮，打开"新建表"选项卡，如图 4-2 所示。

图 4-2 "新建表"选项卡

（7）在"新建表"选项卡中输入表名 school，选择默认选项，填写"备注"信息，单击"下一步"按钮，如图 4-3 所示，打开"新建表"选项卡的字段操作区。

图 4-3 新建表-定义表名

（8）在“新建表”选项卡的操作区中，按照表 4-1 所示的内容，依次填写列名、列数据类型、长度以及其他属性，如图 4-4 所示。

图 4-4　新建表-定义表结构

（9）在“新建表”选项卡中单击“立即创建”按钮，打开“SQL 预览”提示框，如图 4-5 所示。

图 4-5　新建表-SQL 预览

（10）在"SQL 预览"提示框中，单击"执行脚本"按钮，完成表 school 的创建操作，如图 4-6 所示。

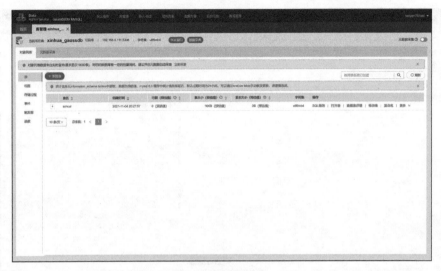

图 4-6　结束新建表

4.1.2　利用 SQL 语句创建数据库表

1. 实验目标

根据如表 4-2 所示内容，利用 SQL 语句创建数据库表 student，即定义表结构。

表 4-2　student 表结构

字 段 名	字 段 别 名	字 段 类 型	字 段 长 度	索　　引	备　　注
Student_id	学号	char	6	有（无重复）	主键
Student_name	姓名	char	6	—	—
Gender	性别	char	2	—	—
Birth	出生年月	datetime	默认值	—	—
Birthplace	籍贯	char	50	—	—
Class_id	班级编号	char	8	—	外键

2. 操作步骤

利用 SQL 语句创建数据库表操作步骤如下：

（1）打开浏览器，进入"华为云-账号登录"窗口。

（2）在"华为云-账号登录"窗口登录，进入"华为云"管理平台首页。

（3）在"华为云"管理平台首页选择"控制台"选项，进入"控制台"窗口。

（4）在"控制台"窗口选择"云数据库 GaussDB"选项，进入"云数据库 GaussDB-管理控制台"窗口。

（5）在"云数据库 GaussDB-管理控制台"窗口选择"库管理"菜单命令，打开"库管理"选项卡。

（6）在"库管理"选项卡中单击"SQL 窗口"按钮，打开"SQL 窗口"。

（7）在"SQL 查询"选项卡的 SQL 编辑区，输入如下 SQL 语句：

```
CREATE TABLE student (
    Student_id CHAR(6) NOT NULL COMMENT '学号',
    Student_name CHAR(6) NULL COMMENT '姓名',
    Gender CHAR(2) NULL COMMENT'性别',
    Birth DATETIME NULL COMMENT'出生年月',
    Birthplace CHAR(50) NULL COMMENT'籍贯',
    Class_id CHAR(8) NULL COMMENT '班级编号',
PRIMARY KEY (Student_id) )
```

在"SQL 查询"选项卡中单击"执行 SQL(F8)"按钮，执行结果如图 4-7 所示。

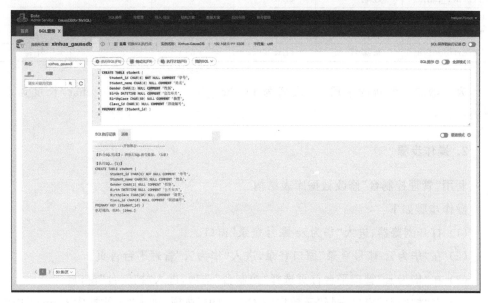

图 4-7　创建表执行结果

4.2 修改数据库表结构

创建数据库表和定义数据库表的结构,最好能结合数据库设计方案来进行,不提倡反复修改,但是有时因设计考虑不周或新增加应用系统功能,需要对已有的数据库表结构进行修改。GaussDB(for MySQL)有两种修改数据库表结构的方法。

4.2.1 利用“管理控制台”修改数据库表结构

1. 实验目标

已知数据库表 teacher 结构如表 4-3 所示。

表 4-3 teacher 表结构

字 段 名	字 段 别 名	字 段 类 型	字 段 长 度	索 引	备 注
Teacher_id	教师编号	char	7	有(无重复)	主键
Teacher_name	姓名	char	6	—	—
Gender	性别	char	2	—	—
Title	职称	char	8	—	—
Department_id	系编号	char	6	—	外键

为其增加一个新的字段,字段名为 teacher_brief,数据类型为 char,长度为 50 字符。

2. 操作步骤

利用“管理控制台”修改数据库表结构。

操作步骤如下:

(1) 打开浏览器,进入“华为云-账号登录”窗口。

(2) 在“华为云-账号登录”窗口登录,进入“华为云”管理平台首页。

(3) 在“华为云”管理平台首页选择“控制台”选项,进入“控制台”窗口。

(4) 在“控制台”窗口选择“云数据库 GaussDB”选项,进入“云数据库 GaussDB-管理控制台”窗口。

（5）在"云数据库 GaussDB-管理控制台"窗口选择"库管理"菜单命令，打开"库管理"选项卡。

（6）在"库管理"选项卡中，选择要修改结构的表（teacher），单击"修改表"按钮，打开"修改表"选项卡，如图 4-8 所示。

图 4-8　"修改表"选项卡

（7）在"修改表"选项卡中，首先单击"字段"选项，然后在操作区单击"添加"按钮，填写需要增加的字段信息（字段名为 teacher_brief，数据类型为 char，长度为 50 字符，备注为教师简介），如图 4-9 所示。

图 4-9　填写字段信息

（8）在"修改表"选项卡中，首先单击"提交修改"按钮，然后在"SQL 预览"窗口单击"执行脚本"按钮，完成数据库表结构的修改，如图 4-10 所示。

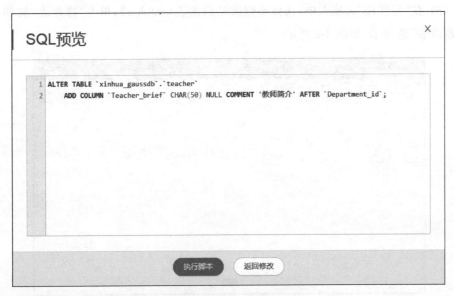

图 4-10　修改表结构-SQL 预览

4.2.2　利用 SQL 语句修改数据库表结构

1．实验目标

已知如表 4-2 所示的数据库表 student 结构，为其增加一个新的字段，字段名为 student_brief，数据类型为 char，长度为 50 字符。

2．操作步骤

利用 SQL 语句修改数据库表结构操作步骤如下：

（1）打开浏览器，进入"华为云-账号登录"窗口。

（2）在"华为云-账号登录"窗口登录，进入"华为云"管理平台首页。

（3）在"华为云"管理平台首页选择"控制台"选项，进入"控制台"窗口。

（4）在"控制台"窗口选择"云数据库 GaussDB"选项，进入"云数据库 GaussDB-管理控制台"窗口。

（5）在"云数据库 GaussDB-管理控制台"窗口选择"库管理"菜单命令，打开"库管理"选项卡。

　　(6) 在"库管理"选项卡中单击"SQL 窗口"按钮,打开"SQL 窗口"。

　　(7) 在"SQL 查询"选项卡的 SQL 编辑区,输入如下 SQL 语句:

```
ALTER TABLE student
ADD student_brief CHAR(50) NULL COMMENT '学生简介';
```

　　在"SQL 查询"选项卡中单击"执行 SQL(F8)"按钮,执行结果如图 4-11 所示。

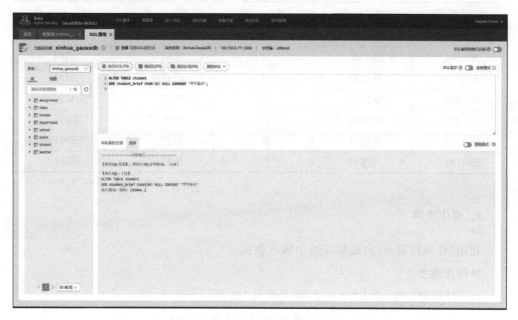

图 4-11　修改表结构的执行结果

4.3　向数据库表输入数据

　　确立数据库表的结构后,经常需要向数据库表输入数据。

　　向数据库表输入数据大多通过应用程序来完成,也就是说,更多批量数据输入是依赖程序自动操作的。但如果有少量的数据需要输入,那么可采用下面的方法。

4.3.1 利用"管理控制台"向数据库表输入数据

1. 实验目标

将表 4-4 所示数据输入数据库表 teacher。

表 4-4 数据库表 teacher

教 师 编 号	姓　　名	性　　别	职　　　　称	系　编　号
A10101	李岩红	男	教授	A101
A10102	赵心蕊	女	教师	A101
A10103	刘小阳	男	副教授	A101
A10104	徐勇力	男	教授	A101
E50101	谢君成	女	副教授	E501
E50102	张鹏科	男	教授	E501
E50103	刘鑫金	男	教师	E501

2. 操作步骤

利用"管理控制台"向数据库表中输入数据。

操作步骤如下：

(1) 打开浏览器，进入"华为云-账号登录"窗口。

(2) 在"华为云-账号登录"窗口登录，进入"华为云"管理平台首页。

(3) 在"华为云"管理平台首页选择"控制台"选项，进入"控制台"窗口。

(4) 在"控制台"窗口选择"云数据库 GaussDB"选项，进入"云数据库 GaussDB-管理控制台"窗口。

(5) 在"云数据库 GaussDB-管理控制台"窗口选择"库管理"菜单命令，打开"库管理"选项卡。

(6) 在"库管理"选项卡中，首先选择数据库表 teacher，单击"打开表"按钮，然后在"打开表"选项卡中单击"新建行"按钮，打开数据输入行，如图 4-12 所示。

(7) 在"打开表"选项卡中，按照表 4-4，依次向数据库表 teacher 中输入数据，重复步骤(6)的操作，完成操作的效果如图 4-13 所示。

图 4-12　"打开表"选项卡

图 4-13　数据库表 teacher 的数据输入结果

4.3.2 利用 SQL 语句向数据库表输入数据

1. 实验目标

如表 4-5 所示数据输入数据库表 student。

表 4-5 数据库表 student

学 号	姓 名	性 别	出 生 年 月	籍 贯	班 级 编 号
190101	江珊珊	女	2000-01-09	内蒙古	A1011901
190102	刘东鹏	男	2001-03-08	北京	A1011901
190115	崔月月	女	2001-03-17	黑龙江	A1011901
190116	白洪涛	男	2002-11-24	上海	A1011901
190117	邓中萍	女	2001-04-09	辽宁	A1011901
190118	周康乐	男	2001-10-11	上海	A1011901
190121	张宏德	男	2001-05-21	辽宁	A1011901
190132	赵迪娟	女	2001-02-04	北京	A1011901
200401	罗笑旭	男	2002-12-23	四川	A1022004
200407	张思奇	女	2002-09-19	吉林	A1022004
200413	杨水涛	男	2002-01-03	河北	A1022004
200417	李晓薇	女	2002-04-10	上海	A1022004
200431	韩璐惠	女	2001-06-16	河南	A1022004

2. 操作步骤

利用 SQL 语句输入数据。

操作步骤如下：

(1) 打开浏览器，进入"华为云-账号登录"窗口。

(2) 在"华为云-账号登录"窗口登录，进入"华为云"管理平台首页。

(3) 在"华为云"管理平台首页选择"控制台"选项，进入"控制台"窗口。

(4) 在"控制台"窗口选择"云数据库 GaussDB"选项，进入"云数据库 GaussDB-管理控制台"窗口。

(5) 在"云数据库 GaussDB-管理控制台"窗口选择"库管理"菜单命令，打开"库管理"选项卡。

(6) 在"库管理"选项卡中单击"SQL 窗口"按钮，打开"SQL 查询"选项卡。

(7) 在"SQL 查询"选项卡的 SQL 编辑区，输入如下 SQL 语句：

INSERT INTO student (Student_id,Student_name,Gender,Birth,Birthplace,Class_id) VALUES ('190101','江珊珊','女','2000－01－09','内蒙古','A1011901');
INSERT INTO student (Student_id,Student_name,Gender,Birth,Birthplace,Class_id) VALUES ('190102','刘东鹏','男','2001－03－08','北京','A1011901');
INSERT INTO student (Student_id,Student_name,Gender,Birth,Birthplace,Class_id) VALUES ('190115','崔月月','女','2001－03－17','黑龙江','A1011901');
INSERT INTO student (Student_id,Student_name,Gender,Birth,Birthplace,Class_id) VALUES ('190116','白洪涛','男','2002－11－24','上海','A1011901');
INSERT INTO student (Student_id,Student_name,Gender,Birth,Birthplace,Class_id) VALUES ('190117','邓中萍','女','2001－04－09','辽宁','A1011901');
INSERT INTO student (Student_id,Student_name,Gender,Birth,Birthplace,Class_id) VALUES ('190118','周康乐','男','2001－10－11','上海','A1011901');
INSERT INTO student (Student_id,Student_name,Gender,Birth,Birthplace,Class_id) VALUES ('190121','张宏德','男','2001－05－21','辽宁','A1011901');
INSERT INTO student (Student_id,Student_name,Gender,Birth,Birthplace,Class_id) VALUES ('190132','赵迪娟','女','2001－02－04','北京','A1011901');
INSERT INTO student (Student_id,Student_name,Gender,Birth,Birthplace,Class_id) VALUES (200401',罗笑旭,男,2002－12－23',四川,A1022004');
INSERT INTO student (Student_id,Student_name,Gender,Birth,Birthplace,Class_id) VALUES (200407',张思奇,女,2002－09－19',吉林,A1022004');
INSERT INTO student (Student_id,Student_name,Gender,Birth,Birthplace,Class_id) VALUES ('200413','杨水涛','男','2002－01－03','河北','A1022004');
INSERT INTO student (Student_id,Student_name,Gender,Birth,Birthplace,Class_id) VALUES ('200417','李晓薇','女','2002－04－10','上海','A1022004');
INSERT INTO student (Student_id,Student_name,Gender,Birth,Birthplace,Class_id) VALUES ('200431','韩璐惠','女','2001－06－16','河南','A1022004');

在"SQL 查询"选项卡中,单击"执行 SQL(F8)"按钮,执行结果如图 4-14 所示。

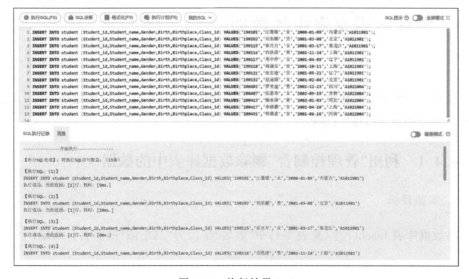

图 4-14　执行结果(一)

（8）在"库管理"选项卡中选择数据库表 student，单击"打开表"按钮，结果如图 4-15
所示。

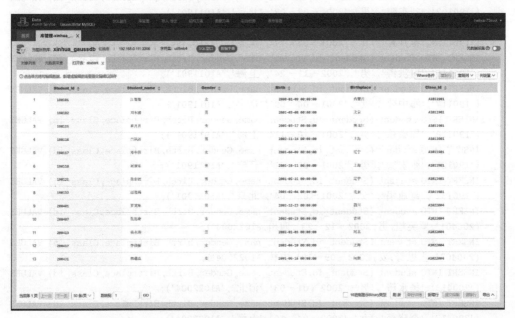

图 4-15　执行结果（二）

4.4　删除数据库表中的数据

在数据库表中删除数据，可以通过 GaussDB(for MySQL)"管理控制台"来完成，
也可以通过 SQL 语句进行操作。

4.4.1　利用"管理控制台"删除数据库表中的数据

1. 实验目标

将数据库表 teacher 中（见表 4-4）中"姓名"字段为"刘小阳"的数据行删除。

2. 操作步骤

利用 GaussDB(for MySQL)"管理控制台"删除数据库表中的数据。

操作步骤如下：

(1) 打开浏览器，进入"华为云-账号登录"窗口。

(2) 在"华为云-账号登录"窗口登录，进入"华为云"管理平台首页。

(3) 在"华为云"管理平台首页选择"控制台"选项，进入"控制台"窗口。

(4) 在"控制台"窗口选择"云数据库 GaussDB"选项，进入"云数据库 GaussDB-管理控制台"窗口。

(5) 在"云数据库 GaussDB-管理控制台"窗口选择"库管理"菜单命令，打开"库管理"选项卡。

(6) 在"库管理"选项卡中，选择数据库表 teacher，单击"打开表"按钮，如图 4-16 所示。

图 4-16　数据库表 teacher 中的数据

(7) 在"库管理"选项卡中，首先选中要删除的行(姓名：刘小阳)(见图 4-17)，然后单击"删除行"按钮，最后在弹出的消息框中单击"是"按钮，完成数据删除操作。

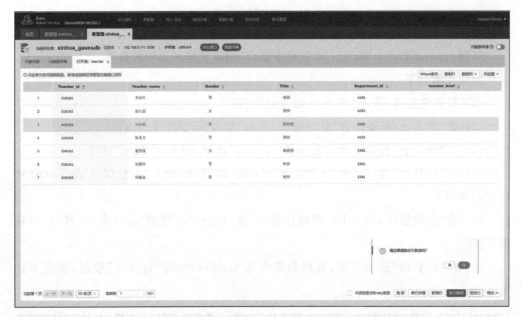

图 4-17 在数据库表 teacher 中选中要删除的行

4.4.2 利用 SQL 语句删除数据库表中的数据

1. 实验目标

将数据库表 student 中(见表 4-5)"学号"字段为"190102"的数据行删除。

2. 操作步骤

利用 SQL 语句删除数据。操作步骤如下：

(1) 打开浏览器,进入"华为云-账号登录"窗口。

(2) 在"华为云-账号登录"窗口登录,进入"华为云"管理平台首页。

(3) 在"华为云"管理平台首页选择"控制台"选项,进入"控制台"窗口。

(4) 在"控制台"窗口选择"云数据库 GaussDB"选项,进入"云数据库 GaussDB-管理控制台"窗口。

(5) 在"云数据库 GaussDB-管理控制台"窗口选择"库管理"菜单命令,打开"库管理"选项卡。

(6) 在"库管理"选项卡中单击"SQL 窗口"按钮,打开"SQL 查询"选项卡。

(7) 在"SQL 查询"选项卡的 SQL 编辑区,输入如下 SQL 语句:

```
DELETE FROM student
WHERE student_id = '190102';
```

在"SQL 查询"选项卡中,单击"执行 SQL(F8)"按钮,结果如图 4-18 所示。

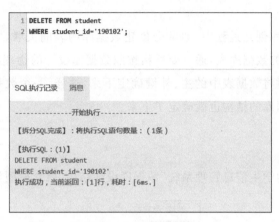

图 4-18　执行结果(一)

(8) 在"库管理"选项卡中,选择数据库表 student,单击"打开表"按钮,可以看到学号为"190102"的数据行已经删除成功,如图 4-19 所示。

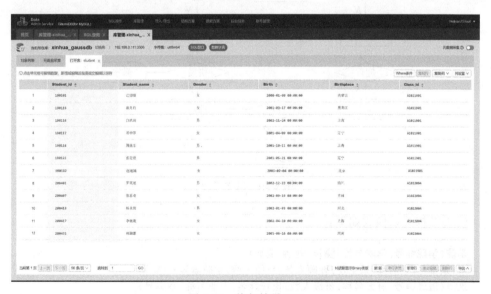

图 4-19　执行结果(二)

4.5 创建数据库表间关联

在实际的数据库创建过程中,通常会创建数据库的表间关联,即确定数据库的模式。这种方式创建的数据库表,通常要严格按照数据库设计的物理结构来定义各个数据库表的结构,同时将数据表中的主、外键确定下来,这样,一个数据库中的所有数据库表定义完成,数据库的结构也就确定了下来。

1. 实验目标

已知"新华大学学生信息管理系统"数据库设计结果,概念模型如图 4-20 所示。

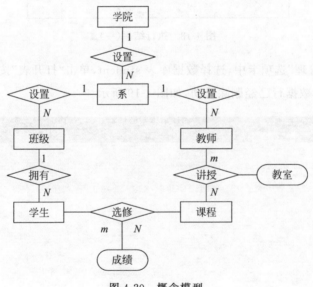

图 4-20 概念模型

逻辑结构关系模式如下:

学院(学院编号,学院名称,院长,电话,地址)
系(系编号,系名称,系主任,教师人数,班级个数,学院编号)
班级(班级编号,班级名称,班级人数,班长姓名,专业名称,系编号)
学生(学号,姓名,性别,出生年月,籍贯,班级编号)
教师(教师编号,姓名,性别,职称,系编号)

课程(课程编号,课程名称,学时,学分,学期)
学生成绩(学号,课程编号,成绩)
教师授课(教师编号,课程编号,教室编号)

物理结构设计如表 4-6～表 4-13 所示。

表 4-6　school 表结构

字 段 名	字 段 别 名	字 段 类 型	字 段 长 度	索 引	备 注
School_id	学院编号	char	1	有(无重复)	主键
School_name	学院名称	char	10	—	—
School_dean	院长	char	6	—	—
School_tel	电话	char	13	—	—
School_addr	地址	char	10	—	—

表 4-7　department 表结构

字 段 名	字 段 别 名	字 段 类 型	字 段 长 度	索 引	备 注
Department_id	系编号	char	4	有(无重复)	主键
Department_name	系名称	char	14	—	—
Department_dean	系主任	char	6	—	—
Teacher_num	教师人数	smallint	默认值	—	—
Class_num	班级个数	smallint	默认值	—	—
School_id	学院编号	char	1	—	外键

表 4-8　class 表结构

字 段 名	字 段 别 名	字 段 类 型	字 段 长 度	索 引	备 注
Class_id	班级编号	char	8	有(无重复)	主键
Class_name	班级名称	char	4	—	—
Student_num	班级人数	smallint	默认值	—	—
Monitor	班长姓名	char	6	—	—
Major	专业名称	char	10	—	—
Department_id	系编号	char	4	—	外键

表 4-9　student 表结构

字 段 名	字 段 别 名	字 段 类 型	字 段 长 度	索 引	备 注
Student_id	学号	char	6	有(无重复)	主键
Student_name	姓名	char	6	—	—
Gender	性别	char	2	—	—

续表

字 段 名	字 段 别 名	字 段 类 型	字 段 长 度	索 引	备 注
Birth	出生年月	datetime	默认值	—	—
Birthplace	籍贯	char	50	—	—
Class_id	班级编号	char	8	—	外键

表 4-10   teacher 表结构

字 段 名	字 段 别 名	字 段 类 型	字 段 长 度	索 引	备 注
Teacher_id	教师编号	char	7	有(无重复)	主键
Teacher_name	姓名	char	6	—	—
Gender	性别	char	2	—	—
Title	职称	char	8	—	—
Department_id	系编号	char	6	—	外键

表 4-11   course 表结构

字 段 名	字 段 别 名	字 段 类 型	字 段 长 度	索 引	备 注
Course_id	课程编号	char	5	有(无重复)	主键
Course_name	课程名称	char	12	—	外键
Period	学时	smallint	默认值	—	—
Credit	学分	smallint	默认值	—	—
Term	学期	smallint	1	—	—

表 4-12   score 表结构

字 段 名	字 段 别 名	字 段 类 型	字 段 长 度	索 引	备 注
Student_id	学号	char	6	有(无重复)	联合主键
Course_id	课程编号	char	5	有(无重复)	联合主键
Score	成绩	smallint	默认值	—	—

表 4-13   assignment 表结构

字 段 名	字 段 别 名	字 段 类 型	字 段 长 度	索 引	备 注
Teacher_id	教师编号	char	6	有(无重复)	联合主键
Course_id	课程编号	char	5	有(无重复)	联合主键
Classroom_id	教室编号	char	5	—	—

利用 SQL 语句,创建以上所有数据库表。

2. 操作步骤

利用 SQL 语句创建数据库表。

操作步骤如下：

(1) 打开浏览器，进入"华为云-账号登录"窗口。

(2) 在"华为云-账号登录"窗口登录，进入"华为云"管理平台首页。

(3) 在"华为云"管理平台首页选择"控制台"选项，进入"控制台"窗口。

(4) 在"控制台"窗口选择"云数据库 GaussDB"选项，进入"云数据库 GaussDB-管理控制台"窗口。

(5) 在"云数据库 GaussDB-管理控制台"窗口选择"库管理"菜单命令，打开"库管理"选项卡。

(6) 在"库管理"选项卡中单击"SQL 窗口"按钮，打开"SQL 窗口"。

(7) 在"SQL 查询"选项卡的 SQL 编辑区，依次输入、并执行如下 SQL 语句：

① 创建数据库表 school。

```
CREATE TABLE 'xinhua_gaussdb'.'school'(
    'School_id' CHAR(1) NOT NULL COMMENT '学院编号',
    'School_name' CHAR(10) NULL COMMENT '学院名称',
    'School_dean' CHAR(6) NULL COMMENT '院长',
    'School_tel' CHAR(13) NULL COMMENT '电话',
    'School_addr' CHAR(10) NULL, COMMENT '地址',
    PRIMARY KEY ('School_id')
)ENGINE = InnoDB
    DEFAULT CHARACTER SET = utf8mb4
    COLLATE = utf8mb4_general_ci
    COMMENT = '学院表';
```

② 创建数据库表 department。

```
CREATE TABLE 'xinhua_gaussdb'.'department'(
    'Department_id' CHAR(4) NOT NULL COMMENT '系编号',
    'Department_name' CHAR(14) NULL COMMENT '系名称',
    'Department_dean' CHAR(6) NULL COMMENT '系主任',
    'Teacher_num' SMALLINT UNSIGNED NULL COMMENT '教师人数',
    'Class_num' SMALLINT UNSIGNED NULL COMMENT '班级个数',
    'School_id' CHAR(1) NULL COMMENT '学院编号',
    PRIMARY KEY ('Department_id')
)ENGINE = InnoDB
    DEFAULT CHARACTER SET = utf8mb4
```

```
        COLLATE = utf8mb4_general_ci
        COMMENT = '系表';
```

③ 创建数据库表 class。

```
CREATE TABLE 'xinhua_gaussdb'.'class'(
    'Class_id' CHAR(8) NOT NULL COMMENT '班级编号',
    'Class_name' CHAR(4) NULL COMMENT '班级名称',
    'Student_num' SMALLINT UNSIGNED NULL COMMENT '班级人数',
    'Monitor' CHAR(6) NULL COMMENT '班长姓名',
    'Major' CHAR(10) NULL COMMENT '专业名称',
    'Department_id' CHAR(4) NULL COMMENT '系编号',
    PRIMARY KEY ('Class_id')
)ENGINE = InnoDB
    DEFAULT CHARACTER SET = utf8mb4
    COLLATE = utf8mb4_general_ci
    COMMENT = '班级表';
```

④ 创建数据库表 student。

```
CREATE TABLE 'xinhua_gaussdb'.'student'(
    'Student_id' CHAR(6) NOT NULL COMMENT '学号',
    'Student_name' CHAR(6) NULL COMMENT '姓名',
    'Gender' CHAR(2) NULL COMMENT '性别',
    'Birth' DATETIME NULL COMMENT '出生年月',
    'Birthplace' CHAR(50) NULL COMMENT '籍贯',
    'Class_id' CHAR(8) NULL COMMENT '班级编号',
    PRIMARY KEY ('Student_id')
)ENGINE = InnoDB
    DEFAULT CHARACTER SET = utf8mb4
    COLLATE = utf8mb4_general_ci
    COMMENT = '学生表';
```

⑤ 创建数据库表 teacher。

```
CREATE TABLE 'xinhua_gaussdb'.'teacher'(
    'Teacher_id' CHAR(7) NOT NULL COMMENT '教师编号',
    'Teacher_name' CHAR(6) NULL COMMENT '姓名',
    'Gender' CHAR(2) NULL COMMENT '性别',
    'Title' CHAR(8) NULL COMMENT '职称',
    'Department_id' CHAR(6) NULL COMMENT '系编号',
    PRIMARY KEY ('Teacher_id')
)ENGINE = InnoDB
```

```
    DEFAULT CHARACTER SET = utf8mb4
    COLLATE = utf8mb4_general_ci
    COMMENT = '教师表';
```

⑥ 创建数据库表 course。

```
CREATE TABLE 'xinhua_gaussdb'.'course' (
    'Course_id' CHAR(5) NOT NULL COMMENT '课程编号',
    'Course_name' CHAR(12) NULL COMMENT '课程名称',
    'Period' SMALLINT UNSIGNED NULL COMMENT '学时',
    'Credit' SMALLINT UNSIGNED NULL COMMENT '学分',
    'Term' SMALLINT(1) UNSIGNED NULL COMMENT '学期',
    PRIMARY KEY ('Course_id')
)ENGINE = InnoDB
    DEFAULT CHARACTER SET = utf8mb4
    COLLATE = utf8mb4_general_ci
    COMMENT = '课程表';
```

⑦ 创建数据库表 score。

```
CREATE TABLE 'xinhua_gaussdb'.'score' (
    'Student_id' CHAR(6) NOT NULL COMMENT '学号',
    'Course_id' CHAR(5) NOT NULL COMMENT '课程编号',
    'Score' SMALLINT UNSIGNED NULL COMMENT '成绩',
    PRIMARY KEY ('Student_id', 'Course_id')
)ENGINE = InnoDB
    DEFAULT CHARACTER SET = utf8mb4
    COLLATE = utf8mb4_general_ci
    COMMENT = '学生成绩表';
```

⑧ 创建数据库表 assignment。

```
CREATE TABLE 'xinhua_gaussdb'.'Assignment' (
    'Teacher_id' CHAR(6) NOT NULL COMMENT '教师编号',
    'Course_id' CHAR(5) NOT NULL COMMENT '课程编号',
    'Classroom_id' CHAR(5) NULL COMMENT '教室编号',
    PRIMARY KEY ('Teacher_id', 'Course_id')
)ENGINE = InnoDB
    DEFAULT CHARACTER SET = utf8mb4
    COLLATE = utf8mb4_general_ci
    COMMENT = '教师授课表';
```

（8）利用 MySQL 的 Workbench 工具，可以看到全局数据库模式，如图 4-21 所示。

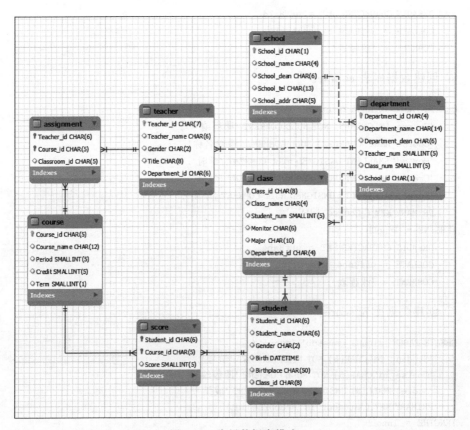

图 4-21　全局数据库模式

第 5 章

GaussDB(for MySQL)视图操作实验

视图是一个功能强大的数据库对象,利用视图可以实现对数据库中数据的浏览、筛选、排序、检索、统计和更新等操作,可以更高效率地对数据库中的数据进行加工处理。

本章的主要实验内容包括:

(1) 创建视图;

(2) 修改视图;

(3) 删除视图;

(4) 利用视图进行数据更新。

5.1 创建视图

在 GaussDB(for MySQL)中,要根据已知数据库表创建视图,可利用"管理控制台"和 SQL 语句两种方法来实现。

5.1.1 利用"管理控制台"创建视图

1. 实验目标

根据表 5-1 所示的数据库表 student 的结构、表 5-2 所示的数据库表 course 的结构和表 5-3 所示的数据库表 score 的结构,创建视图 v_student_course_score,其中包含学号、学生姓名、课程名称和成绩字段。

表 5-1　数据库 student 表

学　号	姓　名	性　别	出生年月	籍　贯	班级编号
190101	江珊珊	女	2000-01-09	内蒙古	A1011901
190102	刘东鹏	男	2001-03-08	北京	A1011901
190115	崔月月	女	2001-03-17	黑龙江	A1011901
190116	白洪涛	男	2002-11-24	上海	A1011901
190117	邓中萍	女	2001-04-09	辽宁	A1011901
190118	周康乐	男	2001-10-11	上海	A1011901
190121	张宏德	男	2001-05-21	辽宁	A1011901
190132	赵迪娟	女	2001-02-04	北京	A1011901
200401	罗笑旭	男	2002-12-23	四川	A1022004
200407	张思奇	女	2002-09-19	吉林	A1022004
200413	杨水涛	男	2002-01-03	河北	A1022004
200417	李晓薇	女	2002-04-10	上海	A1022004
200431	韩璐惠	女	2001-06-16	河南	A1022004

表 5-2　数据库 course 表

课程编号	课程名称	学　时	学　分	学　期
01-01	数据结构	54	2	2
01-02	软件工程	72	3	4
01-03	数据库原理	72	3	3
01-04	程序设计	54	2	1
02-01	离散数学	54	2	2
02-02	概率统计	54	2	1
02-03	高等数学	72	3	1

表 5-3　数据库 score 表

学　号	课程编号	成　绩
190115	01-01	97
190115	01-02	89
190115	01-03	90
190115	01-04	91
190132	01-01	70
190132	01-02	66
190132	01-03	56
190132	01-04	60
190101	01-01	90
190101	01-02	76
190101	01-03	87
190101	01-04	94

2. 操作步骤

利用 GaussDB(for MySQL)"管理控制台",创建视图。

操作步骤如下:

(1) 打开浏览器,进入"华为云-账号登录"窗口。

(2) 在"华为云-账号登录"窗口登录,进入"华为云"管理平台首页。

(3) 在"华为云"管理平台首页选择"控制台"选项,进入"控制台"窗口。

(4) 在"控制台"窗口选择"云数据库 GaussDB"选项,进入"云数据库 GaussDB-管理控制台"窗口。

(5) 在"云数据库 GaussDB-管理控制台"窗口选择"库管理"菜单命令,打开"库管理"选项卡。

(6) 在"库管理"选项卡中单击"视图"选项,进入"视图管理"窗口,如图 5-1 所示。

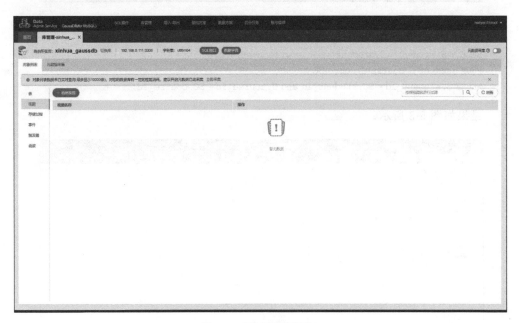

图 5-1　"管理视图"窗口

(7) 在"视图管理"窗口单击"新建视图"按钮,打开"新建视图"选项卡,如图 5-2 所示。

(8) 在"新建视图"选项卡中,首先输入视图名称 v_student_course_score,其他设置非必选项,然后在"视图定义"区域输入如下 SQL 语句:

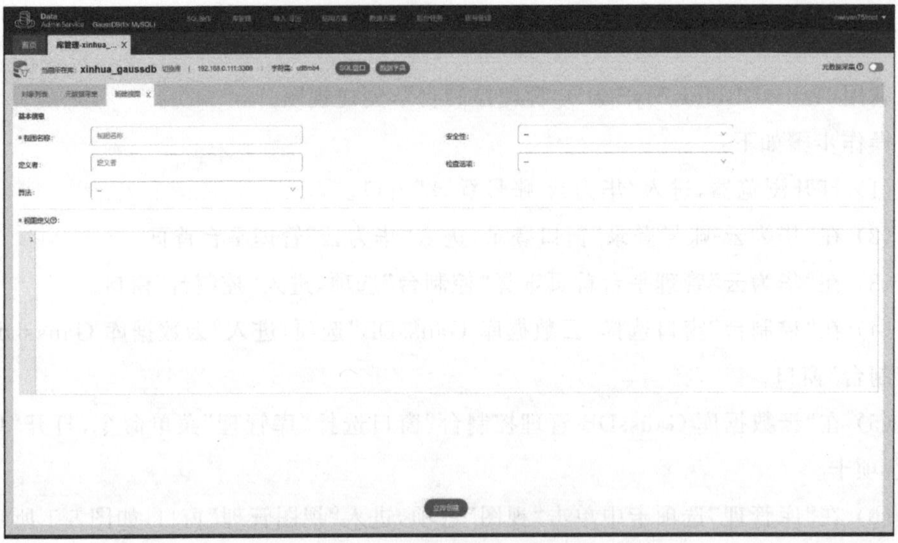

图 5-2 "新建视图"选项卡

SELECT S. student_id, student_name, course_name, score
FROM student S, course C, score SC
WHERE S. student_id = SC. student_id and C. course_id = SC. course_id;

结果如图 5-3 所示。

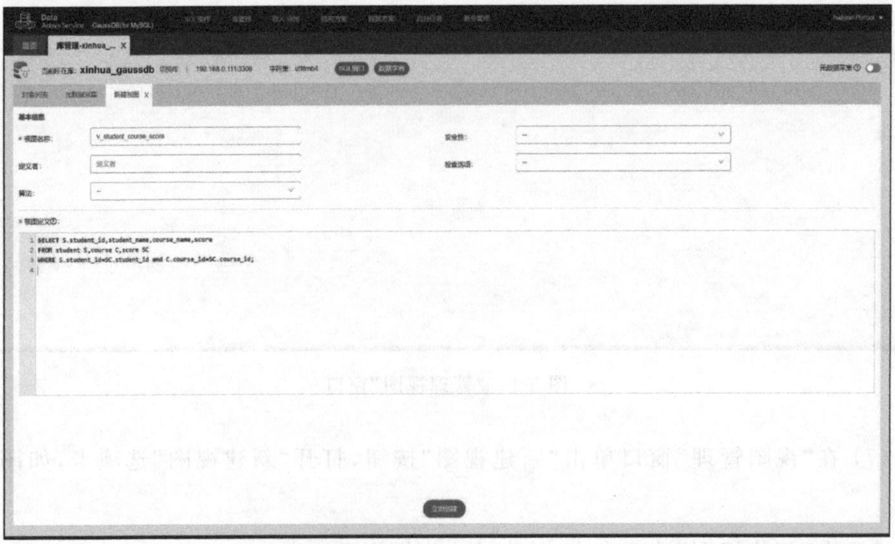

图 5-3 新建视图 v_student_course_score

（9）在"新建视图"选项卡中单击"立即创建"按钮，打开"请确认视图定义脚本"对话框，如图 5-4 所示。

图 5-4　"请确认视图定义脚本"对话框

（10）在"请确认视图定义脚本"对话框中单击"执行脚本"按钮，视图创建完成后，可以看到"修改视图"选项卡如图 5-5 所示。

图 5-5　"修改视图"选项卡

（11）在"修改视图"选项卡中，如果没有修改内容，则单击"×"按钮，视图创建完成后，返回"库管理"选项卡中，如图 5-6 所示。

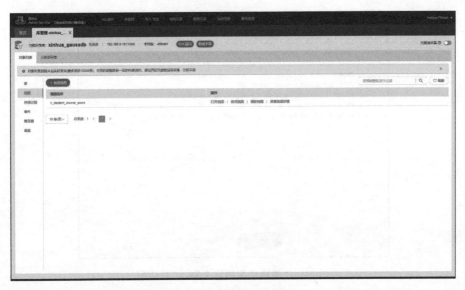

图 5-6　"库管理"选项卡

（12）在"库管理"选项卡中，选中新创建的视图 v_student_course_score，单击"打开视图"按钮，显示新建视图的数据，如图 5-7 所示。

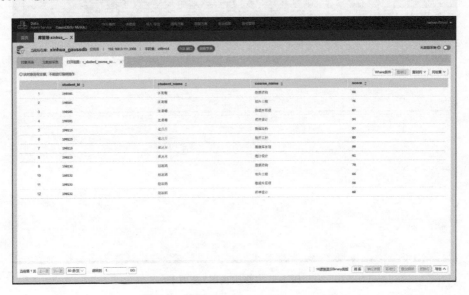

图 5-7　视图 v_student_course_score

5.1.2 利用 SQL 语句创建视图

1. 实验目标

根据表 5-4 所示的数据库表 school 结构和表 5-5 所示的数据库表 department 的结构,创建视图 v_school_department,用于显示学校和院系信息,其包括学院编号、学院名称、系编号、系名称和系主任等信息。

表 5-4 数据库表 school

学 院 编 号	学 院 名 称	院 长	电 话	地 址
A	计算机科学	沈存放	010-86782098	A-JSJ
B	电子信息与电气工程	张延俊	010-85764325	B-DZXDQG
C	生命科学	于博远	010-86907865	C-SMKJ
D	化学化工	杨晓宾	010-86878228	D-HXHG
E	数学科学	赵石磊	010-81243989	E-SXKX
F	物理与天文	曹朝阳	010-80758493	F-WLTW
H	媒体与设计	王佳佳	010-81794522	H-MTSJ

表 5-5 数据库表 department

系 编 号	系 名 称	系 主 任	教 师 人 数	班 级 个 数	学 院 编 号
A101	软件工程	李明东	20	8	A
A102	人工智能	赵子强	16	4	A
B201	信息安全	王月明	34	8	B
B202	微电子科学	张小萍	23	8	B
C301	生物信息	刘博文	23	4	C
C302	生命工程	李旭日	22	4	C
E501	应和数学	陈红萧	33	8	E
E502	计算数学	谢东来	23	8	E

2. 操作步骤

利用 SQL 语句创建视图。

操作步骤如下:

（1）打开浏览器，进入"华为云-账号登录"窗口。

（2）在"华为云-账号登录"窗口登录，进入"华为云"管理平台首页。

（3）在"华为云"管理平台首页选择"控制台"选项，进入"控制台"窗口。

（4）在"控制台"窗口选择"云数据库 GaussDB"选项，进入"云数据库 GaussDB-管理控制台"窗口。

（5）在"云数据库 GaussDB-管理控制台"窗口选择"库管理"菜单命令，打开"库管理"选项卡。

（6）在"库管理"选项卡中单击"SQL 窗口"按钮，打开"SQL 查询"选项卡。

（7）在"SQL 查询"选项卡的 SQL 编辑区，输入如下 SQL 语句：

```
CREATE VIEW v_school_department
AS
SELECT school.school_id,school_name,department_id,department_name,department_dean
FROM school,department WHERE school.school_id = department.school_id;
```

在"SQL 查询"选项卡中，单击"执行 SQL(F8)"按钮，结果如图 5-8 所示。

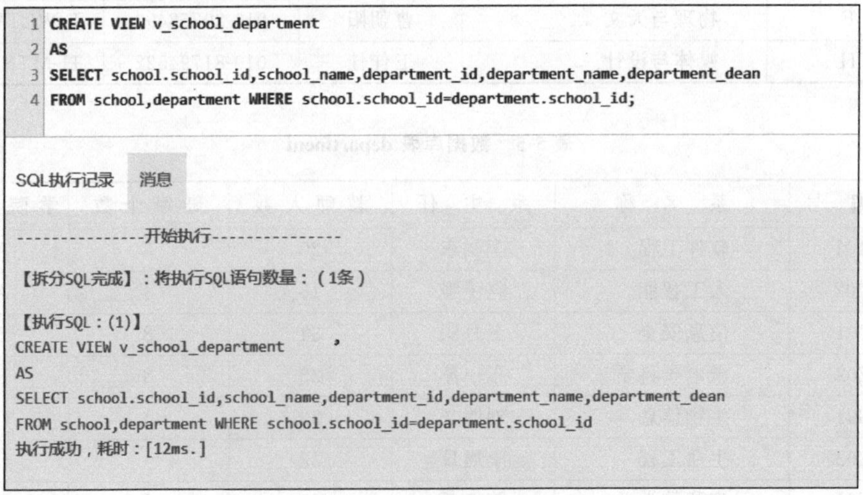

图 5-8　执行 SQL 语句

（8）打开"库管理"选项卡，如图 5-9 所示。

（9）在"库管理"选项卡中，选择新创建的视图 v_school_department，单击"打开视图"按钮，显示新建视图的数据，如图 5-10 所示。

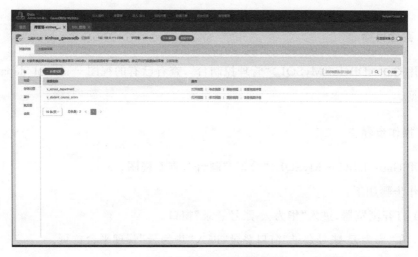

图 5-9　"库管理"选项卡

图 5-10　视图 v_school_department

5.2　查看视图数据

视图是数据库表的"再生"表,查看视图与查看数据库表的操作一样。

1. 实验目标

利用 GaussDB(for MySQL)"管理控制台",查看已有的视图 v_school_department 中的数据。

2. 操作步骤

利用 GaussDB(for MySQL)"管理控制台",查看视图。

操作步骤如下:

(1) 打开浏览器,进入"华为云-账号登录"窗口。

(2) 在"华为云-账号登录"窗口登录,进入"华为云"管理平台首页。

(3) 在"华为云"管理平台首页选择"控制台"选项,进入"控制台"窗口。

(4) 在"控制台"窗口选择"云数据库 GaussDB"选项,进入"云数据库 GaussDB-管理控制台"窗口。

(5) 在"云数据库 GaussDB-管理控制台"窗口选择"库管理"菜单命令,打开"库管理"选项卡。

(6) 在"库管理"选项卡中,单击"视图"选项,进入"视图管理"窗口,如图 5-11 所示。

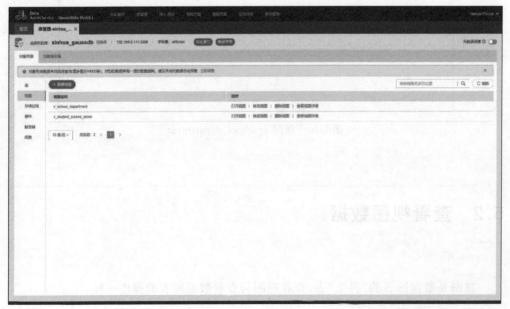

图 5-11　视图列表

（7）在"库管理"选项卡中，选择已有视图 v_school_department，单击"打开视图"按钮，显示视图的数据，如图 5-12 所示。

图 5-12　查看视图 v_school_department

5.3　查看视图结构

查看视图的结构，有两种方法：一是利用 GaussDB(for MySQL)"管理控制台"进行操作；二是利用 SQL 语句直接查看。

5.3.1　利用"管理控制台"查看视图结构

1. 实验目标

利用 GaussDB(for MySQL)"管理控制台"，查看已有的视图 v_school_department 中的结构。

2. 操作步骤

利用 GaussDB(for MySQL)"管理控制台",查看视图 v_school_department 的结构。

操作步骤如下:

(1) 打开浏览器,进入"华为云-账号登录"窗口。

(2) 在"华为云-账号登录"窗口登录,进入"华为云"管理平台首页。

(3) 在"华为云"管理平台首页选择"控制台"选项,进入"控制台"窗口。

(4) 在"控制台"窗口选择"云数据库 GaussDB"选项,进入"云数据库 GaussDB-管理控制台"窗口。

(5) 在"云数据库 GaussDB-管理控制台"窗口选择"库管理"菜单命令,打开"库管理"选项卡。

(6) 在"库管理"选项卡中单击"视图"选项,进入"视图管理"窗口。

(7) 在"视图管理"窗口中选择视图 v_school_department,单击"修改视图"按钮,打开"修改视图"选项卡,即可查看视图结构,如图 5-13 所示。

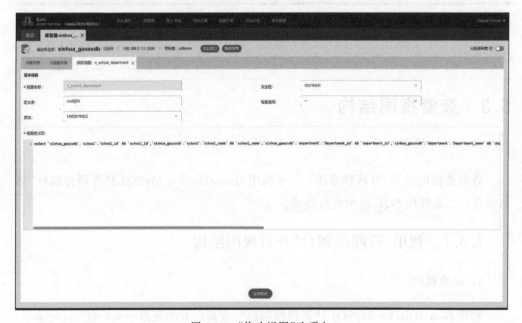

图 5-13 "修改视图"选项卡

5.3.2　利用 SQL 语句查看视图结构

1. 实验目标

利用 SQL 语句查看视图 v_student_course_score 的结构。

2. 操作步骤

利用 SQL 语句查看视图结构。

操作步骤如下：

(1) 打开浏览器，进入"华为云-账号登录"窗口。

(2) 在"华为云-账号登录"窗口登录，进入"华为云"管理平台首页。

(3) 在"华为云"管理平台首页选择"控制台"选项，进入"控制台"窗口。

(4) 在"控制台"窗口选择"云数据库 GaussDB"选项，进入"云数据库 GaussDB-管理控制台"窗口。

(5) 在"云数据库 GaussDB-管理控制台"窗口选择"库管理"菜单命令，打开"库管理"选项卡。

(6) 在"库管理"选项卡中单击"SQL 窗口"按钮，打开"SQL 查询"选项卡。

(7) 在"SQL 查询"选项卡的 SQL 编辑区，输入如下 SQL 语句：

```
DESCRIBE v_student_course_score;
```

在"SQL 查询"选项卡中，单击"执行 SQL(F8)"按钮，结果如图 5-14 所示。

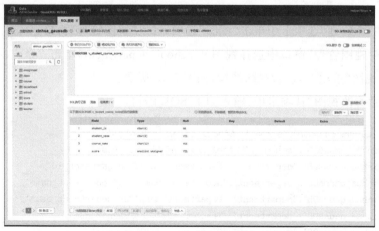

图 5-14　查看视图结构

5.4 修改视图结构

视图结构有时会根据需要发生变化,尽管视图已经创建完成,但也可以修改。

1. 实验目标

利用 GaussDB(for MySQL)"管理控制台",修改视图 v_school_department 结构。具体的修改内容是:在原有的视图中,增加两个字段 teacher_num 和 class_num。

2. 操作步骤

利用 GaussDB(for MySQL)"管理控制台"修改视图。

操作步骤如下:

(1) 打开浏览器,进入"华为云-账号登录"窗口。

(2) 在"华为云-账号登录"窗口登录,进入"华为云"管理平台首页。

(3) 在"华为云"管理平台首页选择"控制台"选项,进入"控制台"窗口。

(4) 在"控制台"窗口选择"云数据库 GaussDB"选项,进入"云数据库 GaussDB-管理控制台"窗口。

(5) 在"云数据库 GaussDB-管理控制台"窗口选择"库管理"菜单命令,打开"库管理"选项卡。

(6) 在"库管理"选项卡中单击"视图"选项,进入"视图管理"窗口。

(7) 在"视图管理"窗口中选择视图 v_school_department,单击"修改视图"按钮,打开"修改视图"选项卡,查看视图结构,如图 5-15 所示。

(8) 在"修改视图"选项卡中,输入如下 SQL 语句:

```
select'xinhua_gaussDB'.'school'.'School_id' AS 'school_id',
     'xinhua_gaussDB'.'school'.'School_name' AS 'school_name',
     'xinhua_gaussDB'.'department'.'Department_id' AS 'department_id',
     'xinhua_gaussDB'.'department'.'Department_name' AS 'department_name',
     'xinhua_gaussDB'.'department'.'Department_dean' AS 'department_dean',
     'xinhua_gaussDB'.'department'.'Teacher_num' AS 'Teacher_num',
     'xinhua_gaussDB'.'department'.'Class_num' AS 'Class_num'
```

```
from 'xinhua_gaussDB'.'school' join 'xinhua_gaussDB'.'department'
where ('xinhua_gaussDB'.'school'.'School_id' = 'xinhua_gaussDB'.'department'.'School_id'
)
```

图 5-15　"修改视图"选项卡

如图 5-16 所示。

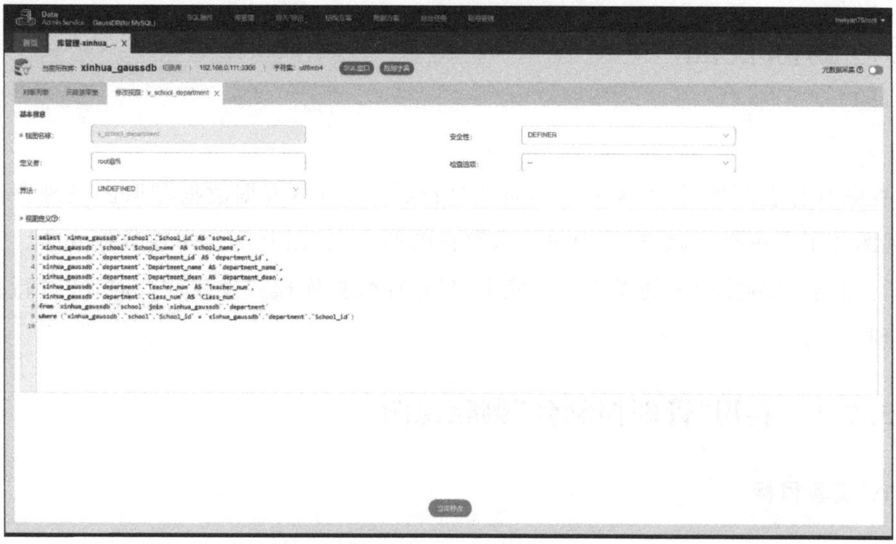

图 5-16　修改视图 v_school_department

（9）在"修改视图"选项卡中，单击"立即修改"按钮，打开"请确认视图定义脚本"对话框，如图 5-17 所示，单击"执行脚本"按钮，完成视图修改。

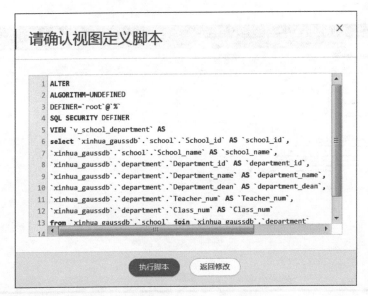

图 5-17 "请确认视图定义脚本"对话框

5.5 删除视图

视图具有表的外观，可像表一样对其进行存取，但不占据数据存取的物理存储空间，视图并不真正存在，数据库中只是保存视图的定义，因此不会出现数据冗余。基于这个特性，有关删除视图的操作较少发生，只是在数据库模式发生改变时，才进行视图的清理。

5.5.1 利用"管理控制台"删除视图

1. 实验目标

利用 GaussDB(for MySQL)"管理控制台"，删除已有的视图 v_student。

2. 操作步骤

利用 GaussDB(for MySQL)"管理控制台"删除视图。

操作步骤如下：

(1) 打开浏览器，进入"华为云-账号登录"窗口。

(2) 在"华为云-账号登录"窗口登录，进入"华为云"管理平台首页。

(3) 在"华为云"管理平台首页选择"控制台"选项，进入"控制台"窗口。

(4) 在"控制台"窗口选择"云数据库 GaussDB"选项，进入"云数据库 GaussDB-管理控制台"窗口。

(5) 在"云数据库 GaussDB-管理控制台"窗口选择"库管理"菜单命令，打开"库管理"选项卡。

(6) 在"库管理"选项卡中单击"视图"选项，进入"视图管理"窗口。

(7) 在"视图管理"窗口中选择视图 v_student，单击"删除视图"按钮，打开的"删除视图"对话框如图 5-18 所示。

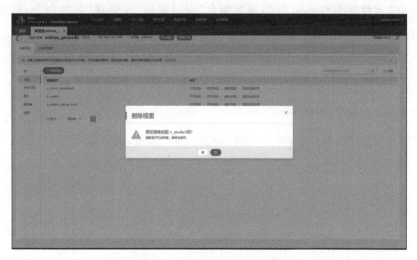

图 5-18　"删除视图"对话框

(8) 在"删除视图"对话框中单击"是"按钮，完成删除视图操作，如图 5-19 所示。

图 5-19　"删除视图"消息框

5.5.2 利用 SQL 语句删除视图

1. 实验目标

利用 SQL 语句删除视图 v_school_department。

2. 操作步骤

利用 SQL 语句删除视图结构。

操作步骤如下：

(1) 打开浏览器，进入"华为云-账号登录"窗口。

(2) 在"华为云-账号登录"窗口登录，进入"华为云"管理平台首页。

(3) 在"华为云"管理平台首页选择"控制台"选项，进入"控制台"窗口。

(4) 在"控制台"窗口选择"云数据库 GaussDB"选项，进入"云数据库 GaussDB-管理控制台"窗口。

(5) 在"云数据库 GaussDB-管理控制台"窗口选择"库管理"菜单命令，打开"库管理"选项卡。

(6) 在"库管理"选项卡中单击"SQL 窗口"按钮，打开"SQL 查询"选项卡。

(7) 在"SQL 查询"选项卡的 SQL 编辑区，输入如下 SQL 语句：

```
DROP VIEW v_school_department;
```

在"SQL 查询"选项卡中，单击"执行 SQL(F8)"按钮，结果如图 5-20 所示。

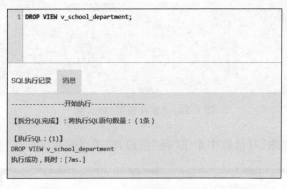

图 5-20　删除视图执行结果

第 6 章

SELECT 语句查询实验

    SELECT 查询语句是数据库中进行查询应用的语句。它可实现集函数查询、单表查询、多表查询、嵌套查询、子查询等实际应用。

    本章的主要实验内容包括：

(1) 集函数查询；

(2) 单表查询；

(3) 多表查询；

(4) 嵌套查询；

(5) 子查询。

6.1 集函数查询

    GaussDB(for MySQL)提供了专门的集函数，用于 SELECT 查询语句中，可完成统计、求极值、求平均值等运算。

1. 实验目标

    根据如表 6-1 所示的数据库表 class 中的数据，使用集函数 SUM()，统计"软件工程"专业的学生人数。

表 6-1　数据库表 class

班 级 编 号	班 级 名 称	班 级 人 数	班 长 姓 名	专 业 名 称	系　编　号
A1011901	1901	32	江珊珊	软件工程	A101
A1011902	1902	33	赵红蕾	软件工程	A101
A1011903	1903	32	刘西畅	软件工程	A101
A1011904	1904	37	李薇薇	软件工程	A101
A1022001	2001	36	王猛仔	信息安全	A102
A1022002	2002	35	许海洋	信息安全	A102

班级编号	班级名称	班级人数	班长姓名	专业名称	系编号
A1022003	2003	38	何盼女	信息安全	A102
A1022004	2004	32	韩璐惠	信息安全	A102

2. 操作步骤

使用集函数 SUM()进行统计指定专业的人数。

操作步骤如下:

(1) 打开浏览器,进入"华为云-账号登录"窗口。

(2) 在"华为云-账号登录"窗口登录,进入"华为云"管理平台首页。

(3) 在"华为云"管理平台首页选择"控制台"选项,进入"控制台"窗口。

(4) 在"控制台"窗口选择"云数据库 GaussDB"选项,进入"云数据库 GaussDB-管理控制台"窗口。

(5) 在"云数据库 GaussDB-管理控制台"窗口选择"库管理"菜单命令,打开"库管理"选项卡。

(6) 在"库管理"选项卡中单击"SQL 窗口"按钮,打开"SQL 窗口"。

(7) 在"SQL 查询"选项卡的 SQL 编辑区,输入如下 SQL 语句:

```
SELECT SUM (Student_num)  AS"软件工程学生数"
FROM class
WHERE major = '软件工程'
```

在"SQL 查询"选项卡中单击"执行 SQL(F8)"按钮,结果如图 6-1 所示。

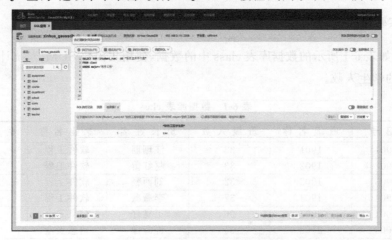

图 6-1 集函数查询执行结果

6.2　单表查询

单表查询是指数据来源是一个表或一个视图的查询操作。它是最简单的查询操作，如选择某表中的某些行或某些列等。

1．实验目标

根据表 6-2 所示的数据库表 school 数据完成如下操作：

(1) 查询学校所有学院的全部信息；

(2) 查询学校所有学院的院长姓名和办公地点；

(3) 查询"生命科学"和"媒体与设计"学院全部信息；

(4) 查询"生命科学"和"媒体与设计"学院的院长姓名和电话。

表 6-2　数据库表 school

学院编号	学院名称	院长	电话	地址
A	计算机科学	沈存放	010-86782098	A-JSJ
B	电子信息与电气工程	张延俊	010-85764325	B-DZXDQG
C	生命科学	于博远	010-86907865	C-SMKJ
D	化学化工	杨晓宾	010-86878228	D-HXHG
E	数学科学	赵石磊	010-81243989	E-SXKX
F	物理与天文	曹朝阳	010-80758493	F-WLTW
H	媒体与设计	王佳佳	010-81794522	H-MTSJ

2．操作步骤

多个单表查询案例。

操作步骤如下：

(1) 打开浏览器，进入"华为云-账号登录"窗口。

(2) 在"华为云-账号登录"窗口登录，进入"华为云"管理平台首页。

(3) 在"华为云"管理平台首页选择"控制台"选项，进入"控制台"窗口。

(4) 在"控制台"窗口选择"云数据库 GaussDB"选项，进入"云数据库 GaussDB-管理控制台"窗口。

（5）在"云数据库 GaussDB-管理控制台"窗口选择"库管理"菜单命令，打开"库管理"选项卡。

（6）在"库管理"选项卡中单击"SQL 窗口"按钮，打开"SQL 查询"选项卡。

（7）在"SQL 查询"选项卡的 SQL 编辑区，查询学校所有学院的全部信息，输入如下 SQL 语句：

```
SELECT school_id,school_name,school_dean,school_tel,school_addr
FROM school;
```

在"SQL 查询"选项卡中，单击"执行 SQL(F8)"按钮，结果如图 6-2 所示。

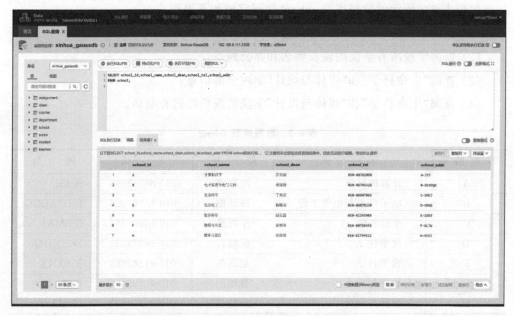

图 6-2　查询学校所有学院的全部信息

（8）在"SQL 查询"选项卡的 SQL 编辑区，查询学校所有学院的院长姓名和办公地点，输入如下 SQL 语句：

```
SELECT school_dean,school_addr
FROM school;
```

在"SQL 查询"选项卡中，单击"执行 SQL(F8)"按钮，结果如图 6-3 所示。

（9）在"SQL 查询"选项卡的 SQL 编辑区，查询"生命科学"和"媒体与设计"学院

图 6-3　查询学校所有学院的院长姓名和办公地点

的全部信息，输入如下 SQL 语句：

SELECT * FROM school WHERE school_name = '生命科学' or school_name = '媒体与设计';

在"SQL 查询"选项卡中，单击"执行 SQL(F8)"按钮，如图 6-4 所示。

图 6-4　查询"生命科学"和"媒体与设计"学院的全部信息

（10）在"SQL 查询"选项卡的 SQL 编辑区，查询"生命科学"和"媒体与设计"学院院长的姓名和电话，输入如下 SQL 语句：

```
SELECT school_dean,school_tel FROM school
WHERE school_name = '生命科学' or school_name = '媒体与设计';
```

在"SQL 查询"选项卡中，单击"执行 SQL(F8)"按钮，结果如图 6-5 所示。

图 6-5　查询"生命科学"和"媒体与设计"学院院长的姓名和电话

6.3　多表查询

SELECT 查询语句可以把多个表的信息集中在一起，进行"连接"操作。连接操作是通过关联表间行的匹配状态产生相应的结果。

1. 实验目标

根据表 6-2 和表 6-3 所示的数据库表中的数据完成如下操作：

（1）查询所有系的"学院编号、名称和系编号、名称、主任"信息。

（2）查询"计算机科学"学院所有系的教师人数。

（3）查询"生命科学"学院院长、系主任。

（4）查询"谢东来"系主任所属学院的信息。

表 6-3　数据库表 department

系 编 号	系 名 称	系 主 任	教师人数	班级个数	学院编号
A101	软件工程	李明东	20	8	A
A102	人工智能	赵子强	16	4	A
B201	信息安全	王月明	34	8	B
B202	微电子科学	张小萍	23	8	B
C301	生物信息	刘博文	23	4	C
C302	生命工程	李旭日	22	4	C
E501	应用数学	陈红萧	33	8	E
E502	计算数学	谢东来	23	8	E

2．操作步骤

多表查询的案例。

操作步骤如下：

（1）打开浏览器，进入"华为云-账号登录"窗口。

（2）在"华为云-账号登录"窗口登录，进入"华为云"管理平台首页。

（3）在"华为云"管理平台首页选择"控制台"选项，进入"控制台"窗口。

（4）在"控制台"窗口选择"云数据库 GaussDB"选项，进入"云数据库 GaussDB-管理控制台"窗口。

（5）在"云数据库 GaussDB-管理控制台"窗口选择"库管理"菜单命令，打开"库管理"选项卡。

（6）在"库管理"选项卡中单击"SQL 窗口"按钮，打开"SQL 窗口"。

（7）在"SQL 查询"选项卡的 SQL 编辑区，查询所有系的"学院编号、名称和系编号、名称、主任"信息，输入如下 SQL 语句：

```
SELECT school.school_id,school_name,department_id,department_name,department_dean
FROM school,department WHERE school.school_id = department.school_id;
```

在"SQL 查询"选项卡中,单击"执行 SQL(F8)"按钮,结果如图 6-6 所示。

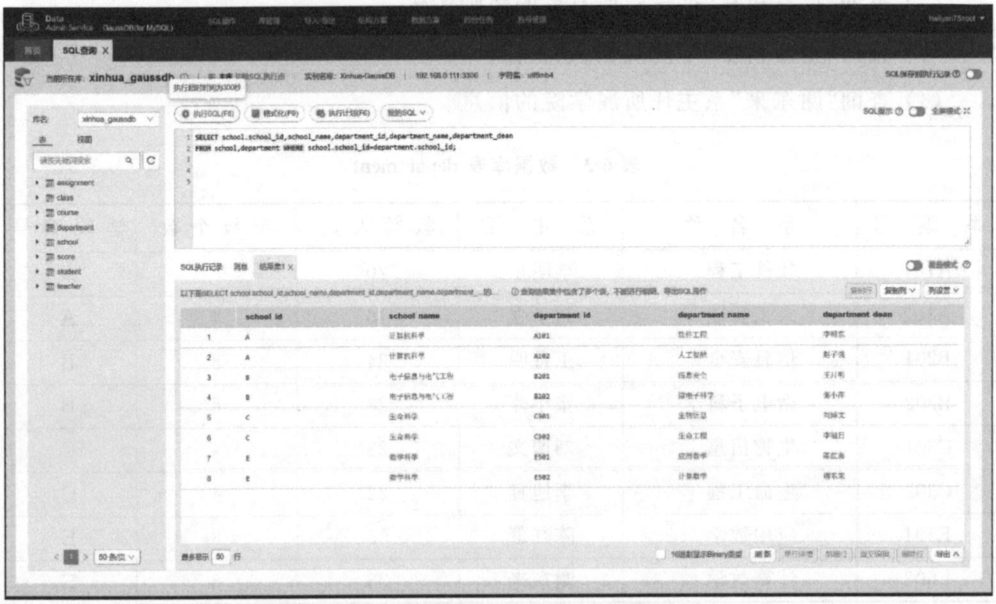

图 6-6　查询所有系的"学院编号、名称和系编号、名称、主任"信息

(8) 在"SQL 查询"选项卡的 SQL 编辑区,查询"计算机科学学院"所有系的教师人数,输入如下 SQL 语句:

SELECT SUM(department.teacher_num) AS "计算机学院教师人数"
FROM school,department
WHERE school.school_id = department.school_id AND school.school_name = '计算机科学';

在"SQL 查询"选项卡中,单击"执行 SQL(F8)"按钮,结果如图 6-7 所示。

(9) 在"SQL 查询"选项卡的 SQL 编辑区,查询"生命科学学院"的院长、系主任,输入如下 SQL 语句:

SELECT school.School_dean ,department.department_dean
FROM school,department
WHERE school.school_id = department.school_id AND school.school_name = '生命科学';

在"SQL 查询"选项卡中,单击"执行 SQL(F8)"按钮,结果如图 6-8 所示。

(10) 在"SQL 查询"选项卡的 SQL 编辑区,查询"谢东来"系主任所属学院的信息,输入如下 SQL 语句:

图 6-7　查询"计算机科学学院"所有系的教师人数

图 6-8　查询"生命科学学院"的院长、系主任

```
SELECT school. * ,department.department_dean FROM school,department
WHERE school.school_id = department.school_id AND department.department_dean = '谢东来'
```

在"SQL 查询"选项卡中,单击"执行 SQL(F8)"按钮,结果如图 6-9 所示。

图 6-9　查询"谢东来"系主任所属学院的信息

6.4　嵌套查询

SELECT 语句允许由一系列的简单查询构成嵌套结构,实现嵌套查询。嵌套查询的求解方法是"由里到外"进行的,从最内层的查询做起,依次由里到外完成计算。

1. 实验目标

根据如表 6-4 所示的数据库表 class、如表 6-5 所示的数据库表 student、如表 6-6 所示的数据库表 teacher 和如表 6-7 所示的数据库表 course 的内容完成如下操作:

表 6-4　数据库表 class

班 级 编 号	班 级 名 称	班 级 人 数	班 长 姓 名	专 业 名 称	系　编　号
A1011901	1901	32	江珊珊	软件工程	A101
A1011902	1902	33	赵红蕾	软件工程	A101
A1011903	1903	32	刘西畅	软件工程	A101
A1011904	1904	37	李薇薇	软件工程	A101
A1022001	2001	36	王猛仔	信息安全	A102
A1022002	2002	35	许海洋	信息安全	A102
A1022003	2003	38	何盼女	信息安全	A102
A1022004	2004	32	韩璐惠	信息安全	A102

表 6-5　数据库表 student

学　　号	姓　　名	性　　别	出 生 年 月	籍　　贯	班 级 编 号
190101	江珊珊	女	2000-01-09	内蒙古	A1011901
190102	刘东鹏	男	2001-03-08	北京	A1011901
190115	崔月月	女	2001-03-17	黑龙江	A1011901
190116	白洪涛	男	2002-11-24	上海	A1011901
190117	邓中萍	女	2001-04-09	辽宁	A1011901
190118	周康乐	男	2001-10-11	上海	A1011901
190121	张宏德	男	2001-05-21	辽宁	A1011901
190132	赵迪娟	女	2001-02-04	北京	A1011901
200413	杨水涛	男	2002-01-03	河北	A1022004
200417	李晓薇	女	2002-04-10	上海	A1022004
200401	罗笑旭	男	2002-12-23	四川	A1022004
200407	张思奇	女	2002-09-19	吉林	A1022004
200431	韩璐惠	女	2001-06-16	河南	A1022004

表 6-6　数据库表 teacher

教 师 编 号	姓　　名	性　　别	职　　称	系　编　号
A10101	李岩红	男	教授	A101
A10102	赵心蕊	女	教师	A101
A10103	刘小阳	男	副教授	A101
A10104	徐勇力	男	教授	A101
E50101	谢君成	女	副教授	E501
E50102	张鹏科	男	教授	E501
E50103	刘鑫金	男	教师	E501

表 6-7 数据库表 course

课 程 编 号	课 程 名 称	学 时	学 分	学 期
01-01	数据结构	54	2	2
01-02	软件工程	72	3	4
01-03	数据库原理	72	3	3
01-04	程序设计	54	2	1
02-01	离散数学	54	2	2
02-02	概率统计	54	2	1
02-03	高等数学	72	3	1

(1) 根据数据库表 class 的数据,查询与"A1011901"班级人数相同的班级信息。

(2) 根据数据库表 class 和数据库表 student 的数据,查询班长为"江珊珊"的班级中,在 2002 年以前出生的学生信息(不包括 2002 年)。

(3) 根据数据库表 class 和数据库表 student 的数据,统计班级人数少于 35 人的班级的男生数的总和。

(4) 根据数据库表 class 和数据库表 teacher 的数据,查询专业名称为"软件工程"系的男教授的"教师编号"和"姓名"。

(5) 根据数据库表 course 的数据,查询与"数据结构"课程学分相同的课程信息。

(6) 根据数据库表 class、数据库表 student 和数据库表 teacher 的数据,查询"赵心蕊"老师所在的院系,籍贯是"辽宁"的学生信息。

2. 操作步骤

多个嵌套查询案例。

操作步骤如下:

(1) 打开浏览器,进入"华为云-账号登录"窗口。

(2) 在"华为云-账号登录"窗口登录,进入"华为云"管理平台首页。

(3) 在"华为云"管理平台首页选择"控制台"选项,进入"控制台"窗口。

(4) 在"控制台"窗口选择"云数据库 GaussDB"选项,进入"云数据库 GaussDB-管理控制台"窗口。

(5) 在"云数据库 GaussDB-管理控制台"窗口选择"库管理"菜单命令,打开"库管理"选项卡。

(6) 在"库管理"选项卡中单击"SQL 窗口"按钮,打开"SQL 查询"选项卡。

(7) 在"SQL 查询"选项卡的 SQL 编辑区,查询与"A1011901"班级人数相同的班

级信息,输入如下 SQL 语句:

```
SELECT class_name,monitor,student_num
FROM class
WHERE student_num =
    (SELECT student_num
        FROM class
        WHERE class_id = 'A1011901');
```

在"SQL 查询"选项卡中,单击"执行 SQL(F8)"按钮,结果如图 6-10 所示。

图 6-10　查询出与"A1011901"班级人数相同的班级信息

(8) 在"SQL 查询"选项卡的 SQL 编辑区,查询班长为"江珊珊"的班级中,在 2002 年以前出生的学生信息,输入如下 SQL 语句:

```
SELECT student. *
FROM student
WHERE birth<'2002 - 01 - 01' AND class_id =
        (SELECT class_id
            FROM class
            WHERE monitor = '江珊珊');
```

在"SQL 查询"选项卡中,单击"执行 SQL(F8)"按钮,结果如图 6-11 所示。

图 6-11 查询班长为"江珊珊"的班级中,在 2002 年以前出生的学生信息

(9) 在"SQL 查询"选项卡的 SQL 编辑区,统计班级人数少于 35 人的班级的男生数的总和,输入如下 SQL 语句:

```
SELECT COUNT(student_id) AS "班级人数少于 35 的所有班级男生数的总和"
FROM student
WHERE gender = '男' AND class_id IN
        (SELECT class_id
                FROM class
                WHERE student_num < 35);
```

在"SQL 查询"选项卡中,单击"执行 SQL(F8)"按钮,结果如图 6-12 所示。

(10) 在"SQL 查询"选项卡的 SQL 编辑区,查询专业名称为"软件工程"的男教授的"教师编号"和"姓名",输入如下 SQL 语句:

```
SELECT teacher_id,teacher_name
FROM teacher
WHERE gender = '男' AND department_id =
        (SELECT DISTINCT(department_id)
                FROM class
                WHERE major = '软件工程');
```

在"SQL 查询"选项卡中,单击"执行 SQL(F8)"按钮,结果如图 6-13 所示。

图 6-12　统计班级人数少于 35 人的班级的男生数的总和

图 6-13　查询专业名称为"软件工程"的男教授的"教师编号"和"姓名"

(11) 在"SQL 查询"选项卡的 SQL 编辑区，查询与"数据结构"课程学分相同的课程信息，输入如下 SQL 语句：

```
SELECT course_name,period
FROM course
WHERE credit =
        (SELECT credit
            FROM course
            WHERE course_name = '数据结构');
```

在"SQL 查询"选项卡中，单击"执行 SQL(F8)"按钮，结果如图 6-14 所示。

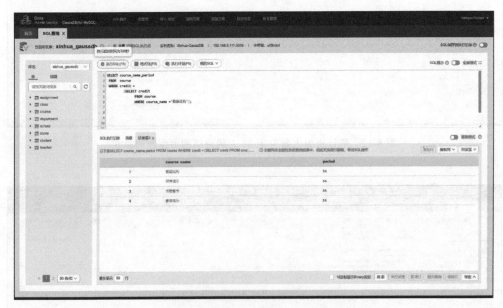

图 6-14　查询与"数据结构"课程学分相同的课程信息

(12) 在"SQL 查询"选项卡的 SQL 编辑区，查询"赵心蕊"老师所在的院系中籍贯是"辽宁"的学生信息，输入如下 SQL 语句：

```
SELECT student_name,gender,birth,birthplace
FROM student
WHERE birthplace = '辽宁' AND class_id IN
        (SELECT class_id
          FROM class,teacher
          WHERE class.department_id = teacher.department_id
          AND teacher.teacher_name = '赵心蕊');
```

在"SQL 查询"选项卡中，单击"执行 SQL(F8)"按钮，结果如图 6-15 所示。

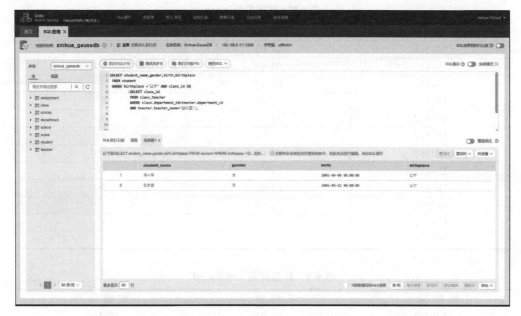

图 6-15　查询"赵心蕊"老师所在的院系中籍贯是"辽宁"的学生信息

6.5　子查询

子查询就是特殊"条件"查询,每个子查询在其上一级查询未处理之前已完成计算,其结果用于建立父查询的查询条件。

引出子查询的谓词:

(1) 带有 IN 谓词的子查询;

(2) 带有比较运算符的子查询;

(3) 带有 EXISTS 谓词的子查询;

(4) 带有 ANY 或 ALL 谓词的子查询。

1. 实验目标

根据如表 6-4~表 6-7 所示的数据库表中的数据,以及如表 6-8 所示的数据库表 score 和如表 6-9 所示的数据库表 assignment 中的数据,完成如下操作:

表 6-8　数据库表 score

学　号	课程编号	成　绩
190115	01-01	97
190115	01-02	89
190115	01-03	90
190115	01-04	91
190132	01-01	70
190132	01-02	66
190132	01-03	56
190132	01-04	60
190101	01-01	90
190101	01-02	76
190101	01-03	87
190101	01-04	94

表 6-9　数据库表 assignment

教师编号	课程编号	教室编号
A10101	01-01	E-103
A10102	01-02	E-330
A10103	01-03	E-121
A10104	01-04	E-111
E50101	02-01	Z-101
E50102	02-02	Z-231
E50103	02-03	Z-122

(1) 根据数据库表 course 和数据库表 score 的数据,查询成绩高于 90 分的课程信息。

(2) 根据数据库表 student、数据库表 course 和数据库表 score 的数据,查询所有选修"数据结构"课程的学生信息。

(3) 根据数据库表 student、数据库表 course 和数据库表 score 的数据,查询出没有成绩的学生信息。

(4) 根据数据库表 course 的数据,查询大于课程"离散数学"学时的课程信息。

(5) 根据数据库表 student 的数据,查询比所有女同学年龄小的男同学信息。

(6) 根据数据库表 student 的数据,查询比任意男同学年龄大的女同学信息。

2. 操作步骤

多个子查询案例。

操作步骤如下：

（1）打开浏览器，进入"华为云-账号登录"窗口。

（2）在"华为云-账号登录"窗口登录，进入"华为云"管理平台首页。

（3）在"华为云"管理平台首页选择"控制台"选项，进入"控制台"窗口。

（4）在"控制台"窗口选择"云数据库 GaussDB"选项，进入"云数据库 GaussDB-管理控制台"窗口。

（5）在"云数据库 GaussDB-管理控制台"窗口选择"库管理"菜单命令，打开"库管理"选项卡。

（6）在"库管理"选项卡中单击"SQL 窗口"按钮，打开"SQL 窗口"。

（7）在"SQL 查询"选项卡的 SQL 编辑区，查询成绩高于 90 分的课程信息，输入如下 SQL 语句：

```
SELECT course_name,period,credit,term
FROM course
WHERE course_id IN
    (SELECT course_id
    FROM score
    WHERE score > 90);
```

在"SQL 查询"选项卡中，单击"执行 SQL(F8)"按钮，结果如图 6-16 所示。

图 6-16　查询成绩高于 90 分的课程信息

（8）在"SQL 查询"选项卡的 SQL 编辑区，查询所有选修"数据结构"课程的学生信息，输入如下 SQL 语句：

```
SELECT student_name,gender,birth,Class_id
FROM student
WHERE student.student_id IN
    SELECT student_id
    FROM score
    WHERE Course_id = "01 - 01";
```

在"SQL 查询"选项卡中，单击"执行 SQL(F8)"按钮，结果如图 6-17 所示。

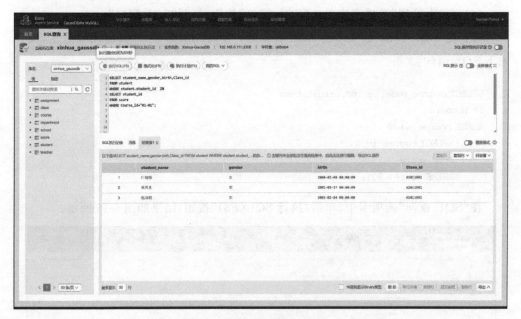

图 6-17　查询所有选修"数据结构"课程的学生信息

（9）在"SQL 查询"选项卡的 SQL 编辑区，查询没有成绩的学生信息，输入如下 SQL 语句：

```
SELECT student_id,student_name,gender
FROM   student
WHERE  student_id NOT IN
  SELECT student_id
    FROM score;
```

在"SQL 查询"选项卡中，单击"执行 SQL(F8)"按钮，结果如图 6-18 所示。

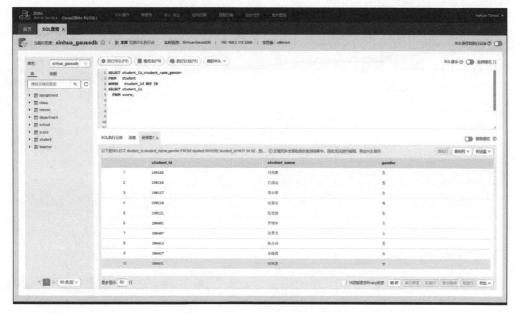

图 6-18　查询没有成绩的学生信息

（10）在"SQL 查询"选项卡的 SQL 编辑区，查询大于课程"离散数学"学时的课程信息，输入如下 SQL 语句：

```
SELECT *
FROM course
WHERE Period >
      (SELECT Period
       FROM course
       WHERE course_name = '离散数学');
```

在"SQL 查询"选项卡中，单击"执行 SQL(F8)"按钮，结果如图 6-19 所示。

（11）在"SQL 查询"选项卡的 SQL 编辑区，查询比所有女同学年龄小的男同学信息，输入如下 SQL 语句：

```
SELECT * FROM student
WHERE gender = '男'
AND birth > ALL
    (SELECT birth FROM student
     WHERE gender = '女');
```

在"SQL 查询"选项卡中，单击"执行 SQL(F8)"按钮，结果如图 6-20 所示。

图 6-19　查询大于课程"离散数学"学时的课程信息

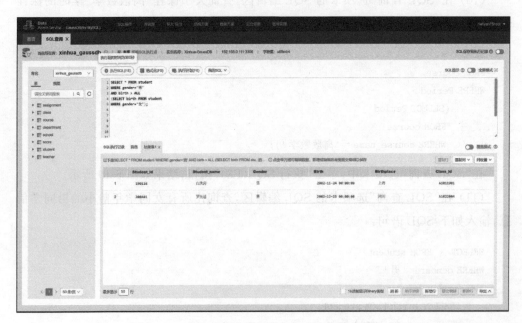

图 6-20　查询比所有女同学年龄小的男同学信息

（12）在"SQL 查询"选项卡的 SQL 编辑区,查询比任意男同学年龄大的女同学信息,输入如下 SQL 语句:

```
SELECT * FROM student
WHERE gender = '女'
AND birth < ANY
    (SELECT birth FROM student
    WHERE gender = '男');
```

在"SQL 查询"选项卡中,单击"执行 SQL(F8)"按钮,结果如图 6-21 所示。

图 6-21　查询比任意男同学年龄大的女同学信息

GaussDB(for MySQL)存储过程操作实验

存储过程是数据库 SQL 语言层面的代码封装或重用,使用存储过程能够提高数据库管理及操作的性能和工作效率,同时也可以提高数据库的完整性和安全性。

本章的主要实验内容包括:

(1) 创建存储过程;

(2) 调用存储过程;

(3) 查看存储过程;

(4) 删除存储过程。

7.1 创建存储过程

创建存储过程的方法很简单,通过 SQL 语句即可完成。它主要用于数据库管理和操作过程中的完整性的检验,特别是用于"用户自定义"的完整性检验,以及常用的查询操作等。

1. 实验目标

根据如表 7-1 所示的数据库表 student 和表 7-2 所示的数据库表 score 的结构。

表 7-1 数据库表 student

字 段 名	字 段 别 名	字 段 类 型	字 段 长 度	索 引	备 注
Student_id	学号	char	6	有(无重复)	主键
Student_name	姓名	char	6	—	—
Gender	性别	char	2	—	—
Birth	出生年月	datetime	默认值	—	—
Birthplace	籍贯	char	50	—	—
Class_id	班级编号	char	8	—	外键

表 7-2　数据库表 score

字　段　名	字　段　别　名	字　段　类　型	字　段　长　度	索　引	备　注
Student_id	学号	char	6	有(无重复)	联合主键
Course_id	课程编号	char	5	有(无重复)	联合主键
Score	成绩	smallint	默认值	—	—

完成如下操作：

(1) 创建一个存储过程(输入限制)，向数据库表 student 输入数据时，"性别"字段不能是"男"和"女"以外的数据。

(2) 创建一个存储过程(优秀学生)，将学生数据库表 score 中大于或等于 90 分的学生信息检索出来。

2. 操作步骤

创建存储过程。

操作步骤如下：

(1) 打开浏览器，进入"华为云-账号登录"窗口。

(2) 在"华为云-账号登录"窗口登录，进入"华为云"管理平台首页。

(3) 在"华为云"管理平台首页选择"控制台"选项，进入"控制台"窗口。

(4) 在"控制台"窗口选择"云数据库 GaussDB"选项，进入"云数据库 GaussDB-管理控制台"窗口。

(5) 在"云数据库 GaussDB-管理控制台"窗口选择"库管理"菜单命令，打开"库管理"选项卡。

(6) 在"库管理"选项卡中单击"存储过程"选项，进入"存储过程管理"窗口，如图 7-1 所示。

(7) 在"存储过程管理"窗口中，首先单击"新建存储过程"按钮，然后在打开的"新建存储过程"对话框中输入"存储过程名称"(性别数据检查)和"描述"等信息，如图 7-2 所示。

(8) 在"新建存储过程"对话框中，首先单击"确定"按钮，然后在"新建存储过程"窗口中输入如下 SQL 语句：

```
CREATE PROCEDURE 'xinhua_gaussDB'.'性别数据检查'()
    COMMENT '查询数据库表(student)"性别"字段是否有"男"和"女"以外的数据'
```

```
BEGIN
    SELECT * FROM student
    WHERE gender NOT IN ('男','女');
END
```

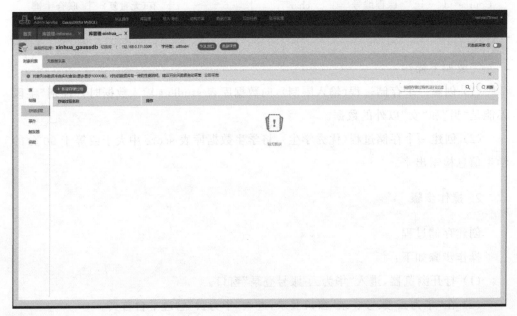

图 7-1 "存储过程管理"窗口

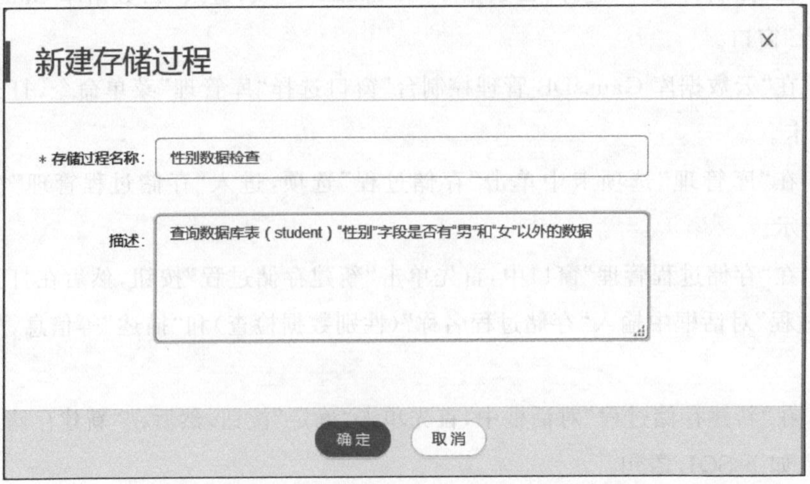

图 7-2 "新建存储过程"对话框(1)

在完成 SQL 语句的编辑后,单击"保存"按钮,结果如图 7-3 所示。

图 7-3　"性别数据检查"存储过程编辑窗口

(9) 在"存储过程管理"窗口中,首先单击"新建存储过程"按钮,然后在打开的"新建存储过程"对话框中输入"存储过程名称"(优秀学生)和"描述"等信息,如图 7-4 所示。

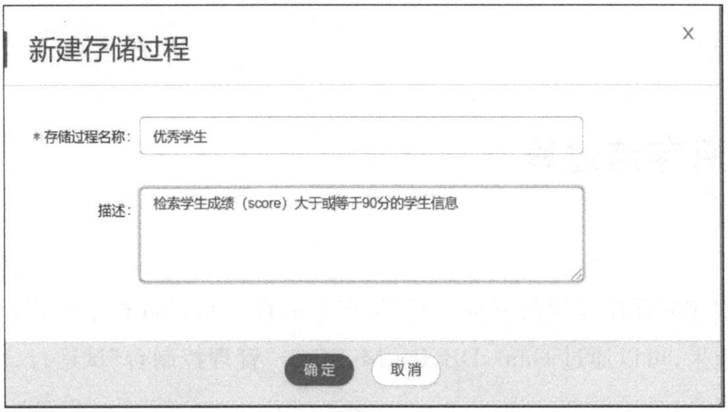

图 7-4　"新建存储过程"对话框(2)

(10) 在"新建存储过程"对话框中,首先单击"确定"按钮,然后在"新建存储过程"窗口中输入如下 SQL 语句:

```
CREATE PROCEDURE 'xinhua_gaussDB'.'优秀学生'()
    COMMENT '检索学生成绩(score)大于或等于 90 分的学生信息'
BEGIN
    SELECT * FROM student ST,score SC
    WHERE ST.student_id = SC.student_id AND SC.score> = 90;
END
```

在完成 SQL 语句的编辑后,单击"保存"按钮,如图 7-5 所示。

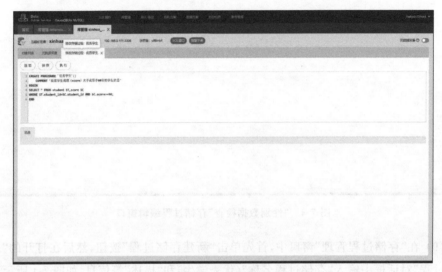

图 7-5 "优秀学生"存储过程编辑窗口

7.2 调用存储过程

调用已创建的存储过程的方法,一般是在外部程序执行过程中调用。为了解存储过程的执行效果,可以通过 GaussDB(for MySQL)"管理控制台"试运行。

7.2.1 利用"管理控制台"调用存储过程

1. 实验目标

已知所建的存储过程(优秀学生),完成调用存储过程操作。

2. 操作步骤

利用 GaussDB(for MySQL)"管理控制台"调用存储过程。

操作步骤如下：

(1) 打开浏览器，进入"华为云-账号登录"窗口。

(2) 在"华为云-账号登录"窗口登录，进入"华为云"管理平台首页。

(3) 在"华为云"管理平台首页选择"控制台"选项，进入"控制台"窗口。

(4) 在"控制台"窗口选择"云数据库 GaussDB"选项，进入"云数据库 GaussDB-管理控制台"窗口。

(5) 在"云数据库 GaussDB-管理控制台"窗口选择"库管理"菜单命令，打开"库管理"选项卡。

(6) 在"库管理"选项卡中单击"存储过程"选项，进入"存储过程管理"窗口，如图 7-6 所示。

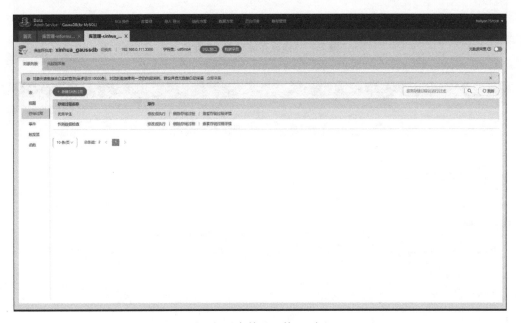

图 7-6 "存储过程管理"窗口

(7) 在"存储过程管理"窗口中，首先选择调用存储过程(优秀学生)，然后单击"修改或执行"按钮，进入"修改存储过程"选项卡，如图 7-7 所示。

(8) 在"修改存储过程"选项卡中单击"执行"按钮，调用当前存储过程(优秀学生)

结果。如图 7-8 所示。

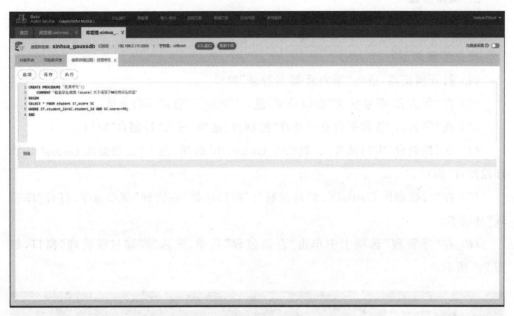

图 7-7　"修改存储过程"选项卡

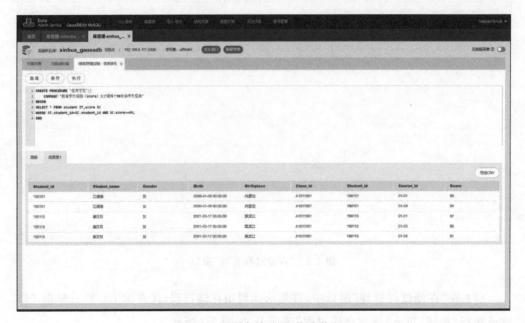

图 7-8　调用存储过程(优秀学生)

7.2.2　利用 SQL 语句调用存储过程

1. 实验目标

根据如表 7-3 所示的数据库表 teacher 和如表 7-4 所示的数据库表 course,完成下列操作:

表 7-3　数据库表 teacher

字　段　名	字 段 别 名	字 段 类 型	字 段 长 度	索　　　引	备　　注
Teacher_id	教师编号	char	7	有(无重复)	主键
Teacher_name	姓名	char	6	—	—
Gender	性别	char	2	—	—
Title	职称	char	8	—	—
Department_id	系编号	char	4	—	外键

表 7-4　数据库表 course

字　段　名	字 段 别 名	字 段 类 型	字 段 长 度	索　　　引	备　　注
Course_id	课程编号	char	5	有(无重复)	主键
Course_name	课程名称	char	12	—	—
Period	学时	smallint	默认值	—	—
Credit	学分	smallint	默认值	—	—
Term	学期	smallint	1	—	—

(1) 创建一个存储过程(学时数低于 60 的课程);

(2) 调用存储过程(学时数低于 60 的课程)。

2. 操作步骤

利用 SQL 语句调用存储过程。

操作步骤如下:

(1) 打开浏览器,进入"华为云-账号登录"窗口。

(2) 在"华为云-账号登录"窗口登录,进入"华为云"管理平台首页。

(3) 在"华为云"管理平台首页选择"控制台"选项,进入"控制台"窗口。

(4) 在"控制台"窗口选择"云数据库 GaussDB"选项,进入"云数据库 GaussDB-管理控制台"窗口。

（5）在"云数据库 GaussDB-管理控制台"窗口选择"库管理"菜单命令，打开"库管理"选项卡。

（6）在"SQL 查询"选项卡的 SQL 编辑区，输入如下 SQL 语句：

```
DELIMITER $ $
CREATE PROCEDURE '学时数低于 60 的课程'()
BEGIN
    SELECT * FROM course
    WHERE period<60;
END $ $
DELIMITER;
```

在"SQL 查询"选项卡中，单击"执行 SQL(F8)"按钮，结果如图 7-9 所示。

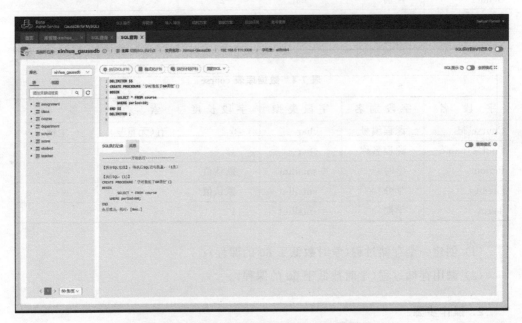

图 7-9　编辑存储过程（学时数低于 60 的课程）

（7）在"SQL 查询"选项卡的 SQL 编辑区，输入如下 SQL 语句：

```
CALL 学时数低于 60 的课程
```

在"SQL 查询"选项卡中，单击"执行 SQL(F8)"按钮，结果如图 7-10 所示。

图 7-10　调用存储过程(学时数低于 60 的课程)

7.3　查看存储过程

查看存储过程似乎不是什么很重要的操作,但如果面对一个复杂的数据库应用系统,开发人员会很多,这时每一个开发者对存储过程的功能都要有所了解,以更好地设计数据库系统的应用程序,这时查看存储过程的操作就显得很重要。

1. 实验目标

查看存储过程(优秀学生)的详情。

2. 操作步骤

利用 GaussDB(for MySQL)"管理控制台"查看存储过程。
操作步骤如下:
(1) 打开浏览器,进入"华为云-账号登录"窗口。
(2) 在"华为云-账号登录"窗口登录,进入"华为云"管理平台首页。

（3）在"华为云"管理平台首页选择"控制台"选项，进入"控制台"窗口。

（4）在"控制台"窗口选择"云数据库 GaussDB"选项，进入"云数据库 GaussDB-管理控制台"窗口。

（5）在"云数据库 GaussDB-管理控制台"窗口选择"库管理"菜单命令，打开"库管理"选项卡。

（6）在"库管理"选项卡中单击"存储过程"选项，进入"存储过程管理"窗口。

（7）在"存储过程管理"窗口中，首先选择存储过程（优秀学生），然后单击"查看存储过程详情"按钮，打开"查看存储过程详情"对话框。

（8）在"查看存储过程详情"对话框中，可以查看当前存储过程（优秀学生）的详细情况，如图 7-11 所示。

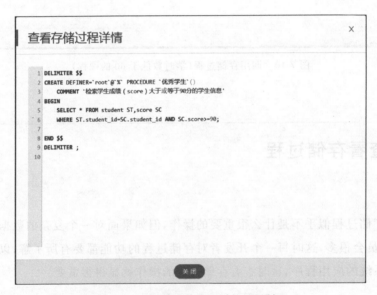

图 7-11 "查看存储过程详情"对话框

7.4 删除存储过程

要删除已有的存储过程，可以利用 GaussDB(for MySQL)"管理控制台"和 SQL 语句两种方法进行操作。

7.4.1　利用“管理控制台”删除存储过程

1. 实验目标

利用 GaussDB(for MySQL)“管理控制台”删除存储过程（优秀学生）。

2. 操作步骤

利用 GaussDB(for MySQL)“管理控制台”删除存储过程。

操作步骤如下：

(1) 打开浏览器,进入“华为云-账号登录”窗口。

(2) 在“华为云-账号登录”窗口登录,进入“华为云”管理平台首页。

(3) 在“华为云”管理平台首页选择“控制台”选项,进入“控制台”窗口。

(4) 在“控制台”窗口选择“云数据库 GaussDB”选项,进入“云数据库 GaussDB-管理控制台”窗口。

(5) 在“云数据库 GaussDB-管理控制台”窗口选择“库管理”菜单命令,打开“库管理”选项卡。

(6) 在“库管理”选项卡中单击“存储过程”选项,进入“存储过程管理”窗口。

(7) 在“存储过程管理”窗口中,首先选择存储过程（优秀学生）,然后单击“删除存储过程”按钮,打开“删除存储过程”对话框。

(8) 在“删除存储过程”对话框中单击“是”按钮,完成存储过程（优秀学生）的删除操作,如图 7-12 所示。

图 7-12　“删除存储过程”对话框

7.4.2　利用 SQL 语句删除存储过程

1. 实验目标

利用 SQL 语句删除存储过程（学时数低于 60 的课程）。

2. 操作步骤

利用 SQL 语句删除存储过程。

操作步骤如下：

（1）打开浏览器，进入"华为云-账号登录"窗口。

（2）在"华为云-账号登录"窗口登录，进入"华为云"管理平台首页。

（3）在"华为云"管理平台首页选择"控制台"选项，进入"控制台"窗口。

（4）在"控制台"窗口选择"云数据库 GaussDB"选项，进入"云数据库 GaussDB-管理控制台"窗口。

（5）在"云数据库 GaussDB-管理控制台"窗口选择"库管理"菜单命令，打开"库管理"选项卡。

（6）在"库管理"选项卡的操作区中单击操作区的"SQL 窗口"按钮，打开"SQL 查询"选项卡。

（7）在"SQL 查询"选项卡的 SQL 编辑区，输入如下 SQL 语句：

DROP PROCEDURE 学时数低于 60 的课程；

在"SQL 查询"选项卡中，单击"执行 SQL（F8）"按钮，结果如图 7-13 所示。

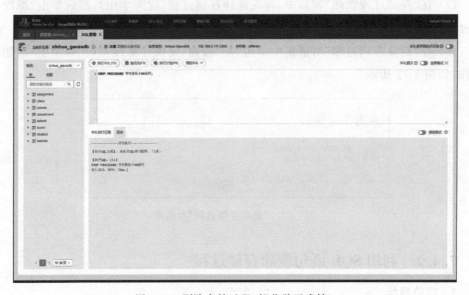

图 7-13　删除存储过程（部分学习成绩）

第 8 章

GaussDB(for MySQL)触发器操作实验

触发器是一个功能强大的工具,它与数据表操作紧密相关,在表中数据发生变化时自动强制执行某些预先规定好的操作和限制。触发器可以用于数据的约束、默认值和规则,以及完整性检查。

本章的主要实验内容包括:

(1) 创建触发器;

(2) 查看触发器;

(3) 删除触发器。

8.1　创建触发器

根据已知数据库表,创建触发器,了解 GaussDB 中利用操作视图创建触发器的方法。

1. 实验目标

根据如表 8-1 所示的数据库表 class 结构,创建一个触发器(班级人数),用来更新表 class 中的班级人数字段 Student_num 的内容。

表 8-1　表结构 class

字　段　名	字段别名	字段类型	字段长度	索　　引	备　　注
Class_id	班级编号	char	8	有(无重复)	主键
Class_name	班级名称	char	4	—	—
Student_num	班级人数	smallint	默认值	—	—
Monitor	班长姓名	char	6	—	—
Major	专业	char	10	—	—
Department_id	系编号	char	4	—	外键

2. 操作步骤

创建触发器。

操作步骤如下:

(1) 打开浏览器,进入"华为云-账号登录"窗口。

(2) 在"华为云-账号登录"窗口登录,进入"华为云"管理平台首页。

(3) 在"华为云"管理平台首页选择"控制台"选项,进入"控制台"窗口。

(4) 在"控制台"窗口选择"云数据库 GaussDB"选项,进入"云数据库 GaussDB-管理控制台"窗口。

(5) 在"云数据库 GaussDB-管理控制台"窗口选择"库管理"菜单命令,打开"库管理"选项卡。

(6) 在"库管理"选项卡中单击"触发器"选项,进入"触发器管理"窗口,如图 8-1 所示。

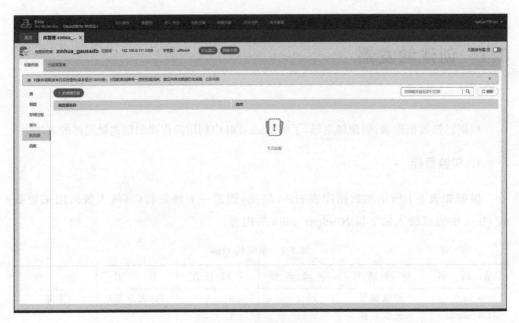

图 8-1 "触发器管理"窗口

(7) 在"触发器管理"窗口中,单击"新建触发器"按钮,打开"新建触发器"选项卡,输入触发器名称"班级人数",选择"触发时机"为 AFTER,"触发表"为 class,"触发事件"为 INSERT 等信息,如图 8-2 所示。

图 8-2　"新建触发器"选项卡

（8）在"新建触发器"选项卡中，输入如下 SQL 语句，如图 8-3 所示。

```
begin
    DECLARE c INT;
    SET c = (SELECT COUNT( * ) FROM student WHERE class_id = new.class_id);
    UPDATE class SET student_sum = c + 1 where class_id = new.class_id;
end
```

完成 SQL 语句的编辑后，单击"立即创建"按钮，打开"请确认触发器定义脚本"对话框。

（9）在"请确认触发器定义脚本"对话框中，单击"执行脚本"按钮，完成触发器的创建，如图 8-4 所示。

（10）在"触发器管理"窗口中，单击"新建触发器"按钮，打开"新建触发器"选项卡，输入触发器名称"性别检查"，如果插入学生信息后性别不为"男"或"女"，则删除该条数据，选择"触发时机"为 AFTER，"触发表"为 student，"触发事件"为 INSERT 等，如图 8-5 所示。

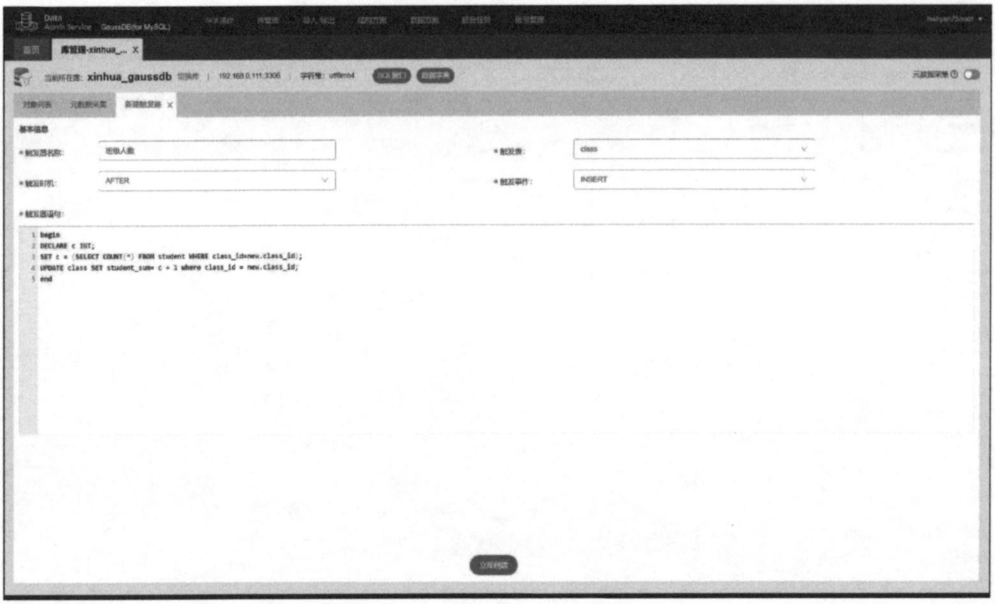

图 8-3　编辑触发器(班级人数)

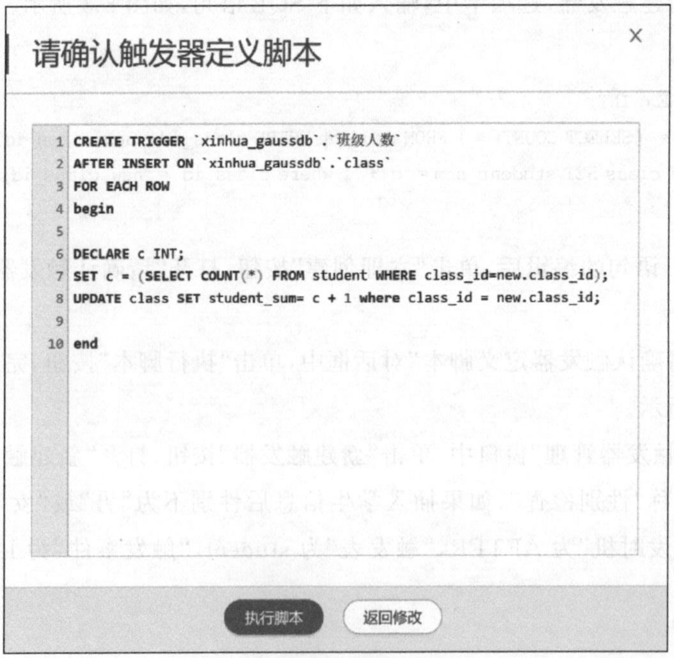

图 8-4　确认触发器(班级人数)

图 8-5　新建触发器(性别检查)

(11) 在"新建触发器"选项卡中,输入如下 SQL 语句,如图 8-6 所示。

```
begin
IF(NEW.gender <> '男' or NEW.gender <> '女')
THEN
DELETE FROM student WHERE student_id = NEW.student_id;
END IF;
end
```

完成 SQL 语句的编辑后,单击"立即创建"按钮,打开"请确认触发器定义脚本"对话框。

(12) 在"请确认触发器定义脚本"对话框中,单击"执行脚本"按钮,完成触发器的创建,如图 8-7 所示。

(13) 在"触发器管理"窗口中,单击"新建触发器"按钮,打开"新建触发器"选项卡,输入触发器名称"教师姓名检查",选择"触发时机"为 AFTER,"触发表"为 teacher,"触发事件"为 INSERT 等,如图 8-8 所示。

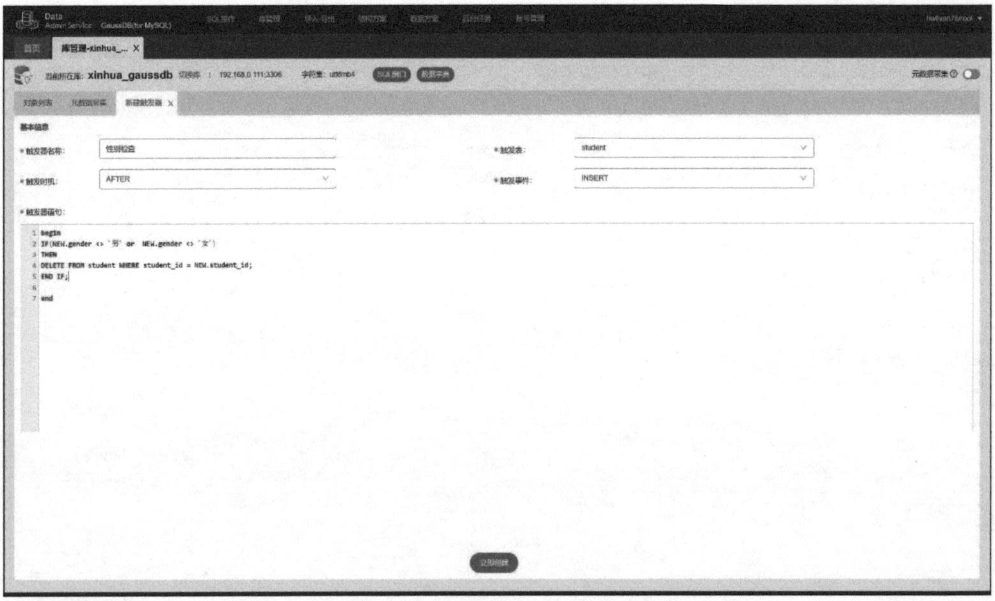

图 8-6 编辑触发器(性别检查)

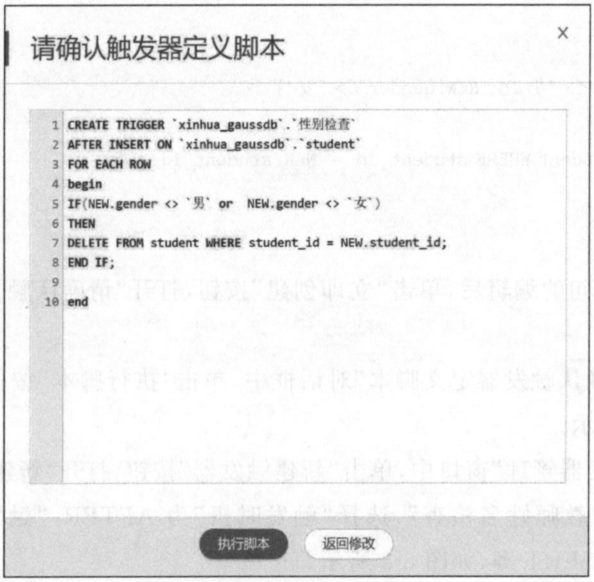

图 8-7 确认触发器(性别检查)

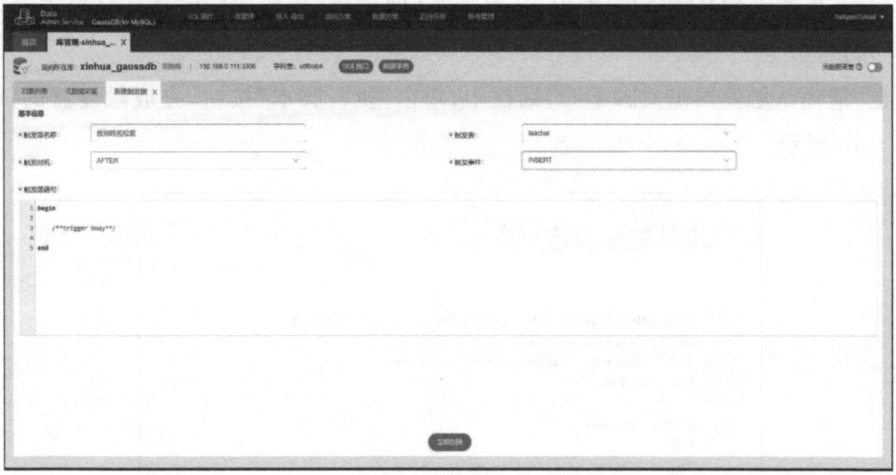

图 8-8　新建触发器(教师姓名检查)

(14) 在"新建触发器"选项卡中,输入如下 SQL 语句,如图 8-9 所示。

```
begin
IF( teacher_name = '')
THEN
UPDATE teacher SET teacher_name = NULL;
END IF;
end
```

图 8-9　编辑触发器(教师姓名检查)

（15）在完成 SQL 语句的编辑后，单击"立即创建"按钮，打开"请确认触发器定义脚本"对话框。

在"请确认触发器定义脚本"对话框中，单击"执行脚本"按钮，完成触发器的创建，如图 8-10 所示。

图 8-10　确认触发器（教师姓名检查）

（16）在"触发器管理"窗口中，单击"新建触发器"按钮，打开"新建触发器"选项卡，输入触发器名称"课程学分检查"，选择"触发时机"为 AFTER，"触发表"为 course，"触发事件"为 INSERT 等，如图 8-11 所示。

（17）在"新建触发器"对话框中，输入如下 SQL 语句，如图 8-12 所示。

```
begin
    IF course . credit < 0
    THEN
    UPDATE course SET course.credit = NULL;
    END IF;
end
```

在完成 SQL 语句的编辑后，单击"立即创建"按钮，打开"请确认触发器定义脚本"对话框。

图 8-11　新建触发器(课程学分检查)

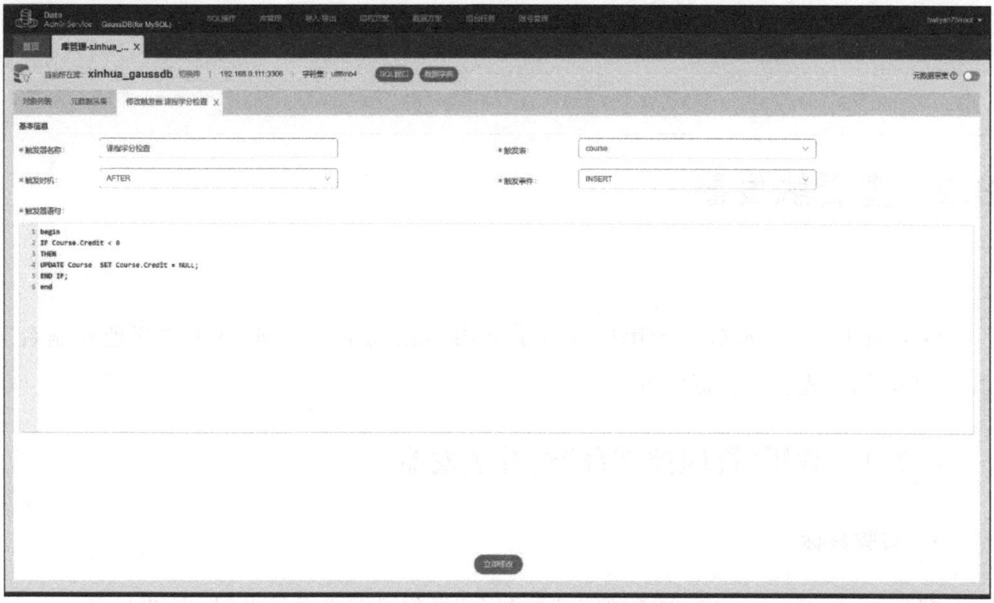

图 8-12　编辑触发器(课程学分检查)

（18）在"请确认触发器定义脚本"对话框中，单击"执行脚本"按钮，完成触发器的创建，如图 8-13 所示。

```
1  DROP TRIGGER IF EXISTS `xinhua_gaussdb`.`课程学分检查`;
2  CREATE TRIGGER `xinhua_gaussdb`.`课程学分检查`
3  AFTER INSERT ON `xinhua_gaussdb`.`course`
4  FOR EACH ROW
5  begin
6  IF Course.Credit < 0
7  THEN
8  UPDATE Course  SET Course.Credit = NULL;
9  END IF;
10 end
```

图 8-13　确认触发器（课程学分检查）

8.2　查看触发器

GaussDB(for MySQL)为用户提供了利用 GaussDB(for MySQL)"管理控制台"以及 SQL 语句查看触发器的方法。

8.2.1　利用"管理控制台"查看触发器

1. 实验目标

利用 GaussDB(for MySQL)"管理控制台"操作视图查看触发器（班级人数）。

2. 操作步骤

利用 GaussDB(for MySQL)"管理控制台"查看触发器。

操作步骤如下:

(1) 打开浏览器,进入"华为云-账号登录"窗口。

(2) 在"华为云-账号登录"窗口登录,进入"华为云"管理平台首页。

(3) 在"华为云"管理平台首页选择"控制台"选项,进入"控制台"窗口。

(4) 在"控制台"窗口选择"云数据库 GaussDB"选项,进入"云数据库 GaussDB-管理控制台"窗口。

(5) 在"云数据库 GaussDB-管理控制台"窗口选择"库管理"菜单命令,打开"库管理"选项卡。

(6) 在"库管理"选项卡中单击"触发器"选项,进入"触发器管理"窗口,如图 8-14 所示。

图 8-14　"触发器管理"窗口

(7) 在"触发器管理"窗口,选择"触发器名称"为"班级人数",单击"查看触发器详情"按钮,打开"查看触发器详情"对话框。

(8) 在"查看触发器详情"对话框中可以查看当前触发器(班级人数)的详细情况,

如图 8-15 所示。

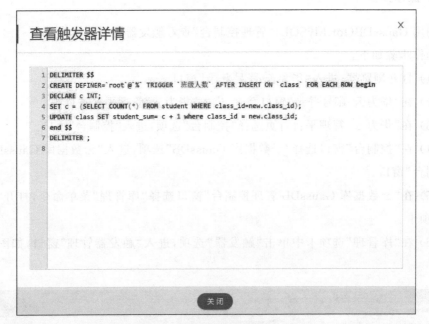

```
1  DELIMITER $$
2  CREATE DEFINER=`root`@`%`  TRIGGER `班级人数` AFTER INSERT ON `class` FOR EACH ROW begin
3  DECLARE c INT;
4  SET c = (SELECT COUNT(*) FROM student WHERE class_id=new.class_id);
5  UPDATE class SET student_sum= c + 1 where class_id = new.class_id;
6  end $$
7  DELIMITER ;
8
```

关闭

图 8-15　查看触发器(班级人数)

8.2.2　利用 SQL 语句查看触发器

1. 实验目标

利用 SQL 语句查看触发器(班级人数)。

2. 操作步骤

利用 SQL 语句查看触发器。

操作步骤如下：

(1) 打开浏览器,进入"华为云-账号登录"窗口。

(2) 在"华为云-账号登录"窗口登录,进入"华为云"管理平台首页。

(3) 在"华为云"管理平台首页选择"控制台"选项,进入"控制台"窗口。

(4) 在"控制台"窗口选择"云数据库 GaussDB"选项,进入"云数据库 GaussDB-管理控制台"窗口。

(5) 在"云数据库 GaussDB-管理控制台"窗口选择"库管理"菜单命令,打开"库管理"选项卡。

　　(6) 在"库管理"选项卡中单击"SQL 窗口"按钮,打开"SQL 查询"选项卡。

　　(7) 在"SQL 查询"选项卡中,输入如下 SQL 语句:

SHOW TRIGGERS FROM XinHua_GaussDB;

　　在"SQL 查询"选项卡中,单击"执行 SQL(F8)"按钮,如图 8-16 所示。

图 8-16　查看 XinHua_GaussDB 触发器

8.3　删除触发器

　　GaussDB(for MySQL)为用户提供了利用 GaussDB(for MySQL)"管理控制台"以及 SQL 语句删除触发器的方法。

8.3.1　利用"管理控制台"删除触发器

1. 实验目标

利用 GaussDB(for MySQL)"管理控制台"删除触发器(课程学分检查)。

2. 操作步骤

利用 GaussDB(for MySQL)"管理控制台"删除触发器。

操作步骤如下:

(1) 打开浏览器,进入"华为云-账号登录"窗口。

(2) 在"华为云-账号登录"窗口登录,进入"华为云"管理平台首页。

(3) 在"华为云"管理平台首页选择"控制台"选项,进入"控制台"窗口。

(4) 在"控制台"窗口选择"云数据库 GaussDB"选项,进入"云数据库 GaussDB-管理控制台"窗口。

(5) 在"云数据库 GaussDB-管理控制台"窗口选择"库管理"菜单命令,打开"库管理"选项卡。

(6) 在"库管理"选项卡中单击"触发器"选项,进入"触发器管理"窗口,如图 8-4所示。

(7) 在"触发器管理"窗口,选择"课程学分检查"触发器,单击"删除触发器"按钮,打开"删除触发器"对话框。

(8) 在"删除触发器"对话框中,单击"是"按钮,完成触发器删除操作,如图 8-17所示。

图 8-17 "删除触发器"对话框

8.3.2 利用 SQL 语句删除触发器

1. 实验目标

利用 SQL 语句删除触发器(班级人数)。

2．操作步骤

利用 SQL 语句删除触发器。

操作步骤如下：

（1）登录华为云账户，在"云数据库 GaussDB-管理控制台"窗口中，登录目标连接 GaussDB 实例，在打开的"数据管理服务-控制台"窗口数据库列表中，选择目标操作数据库的"库管理"按钮，打开"库管理"选项卡。

（2）在"库管理"选项卡的操作区中，单击"SQL 窗口"按钮，打开"SQL 查询"选项卡。

（3）在"SQL 查询"选项卡的 SQL 编辑区，输入如下 SQL 语句：

```
DROP TRIGGER 班级人数;
```

在"SQL 查询"选项卡中，单击"执行 SQL(F8)"按钮，如图 8-18 所示。

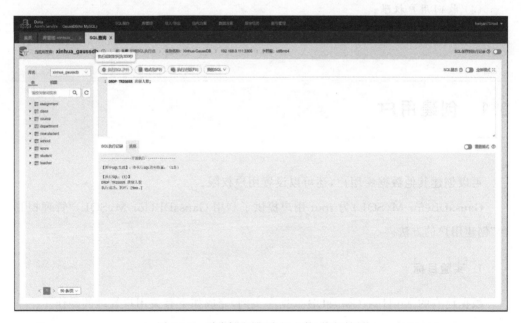

图 8-18　删除触发器（班级人数）执行结果

第9章

GaussDB(for MySQL)用户管理实验

在数据库系统中,对数据库用户的管理很重要。数据库的拥有者和管理者也只有把用户管理好,才能防止数据库被非法修改及窃用,从而保证数据库的安全。

本章的主要实验内容包括:

(1) 创建用户;

(2) 修改用户;

(3) 授予用户权限;

(4) 收回用户权限;

(5) 删除用户。

9.1 创建用户

可以创建其他数据库用户,还可以设置用户权限。

GaussDB(for MySQL)为 root 用户提供了利用 GaussDB(for MySQL)"管理控制台"创建用户的方法。

1. 实验目标

根据已有的 XinHua_GaussDB 数据库实例,完成如下有关用户管理的操作。

(1) 创建数据库实例(XinHua_GaussDB)的管理用户(dbadmin);

(2) 设置管理用户(dbadmin)具有每小时最多 100 000 条查询权限;

(3) 设置管理用户(dbadmin)只有 SELECT 的全局权限;

(4) 设置管理用户(dbadmin)除对数据库(XinHua_GaussDB)的所有表有SELECT、INSERT、UPDATE 和 DELETE 的权限外,无其他权限。

2. 操作步骤

利用 GaussDB(for MySQL)"管理控制台"创建用户。

操作步骤如下：

(1) 打开浏览器,进入"华为云-账号登录"窗口。

(2) 在"华为云-账号登录"窗口登录,进入"华为云"管理平台首页。

(3) 在"华为云"管理平台首页选择"控制台"选项,进入"控制台"窗口。

(4) 在"控制台"窗口选择"云数据库 GaussDB"选项,进入"云数据库 GaussDB-管理控制台"窗口。

(5) 在"云数据库 GaussDB-管理控制台"窗口选择"账号管理"菜单命令,打开"用户管理"选项卡,如图 9-1 所示。

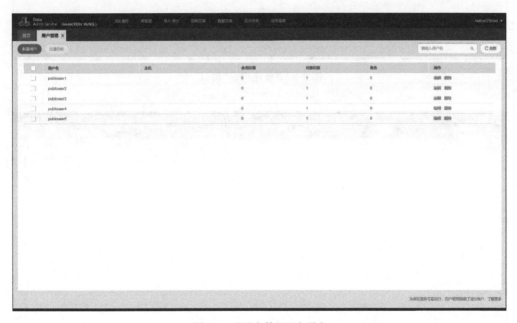

图 9-1　"用户管理"选项卡

(6) 在"用户管理"选项卡中,单击"新建用户"按钮,进入"新建用户"窗口,如图 9-2 所示。

(7) 在"新建用户"窗口的"基本信息"区域输入用户名为 dbadmin,设置用户密码,如图 9-3 所示。

(8) 在"新建用户"窗口的"高级选项"区域设置每小时最多查询数为 100 000,其他

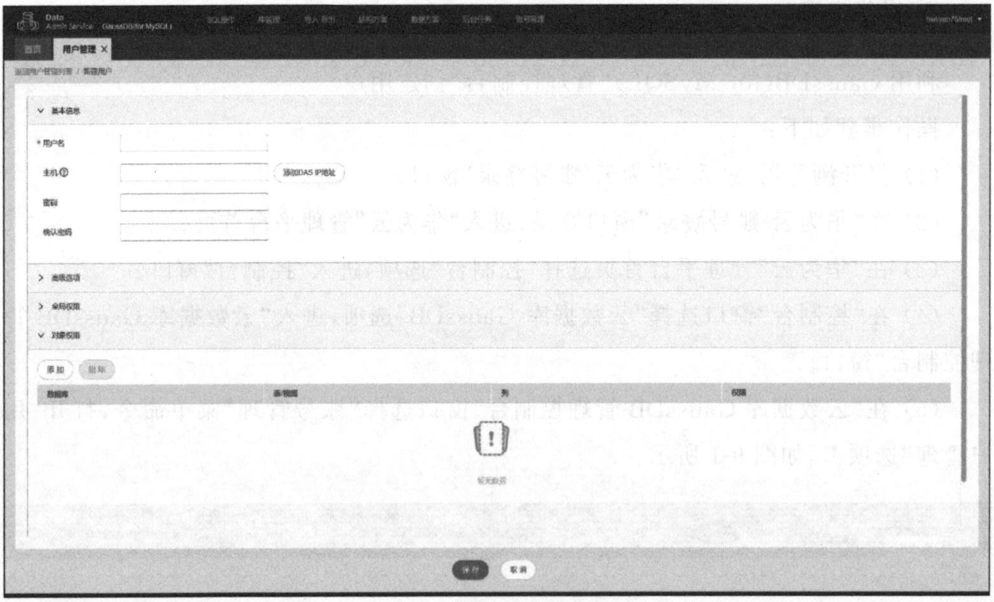

图 9-2 "新建用户"窗口

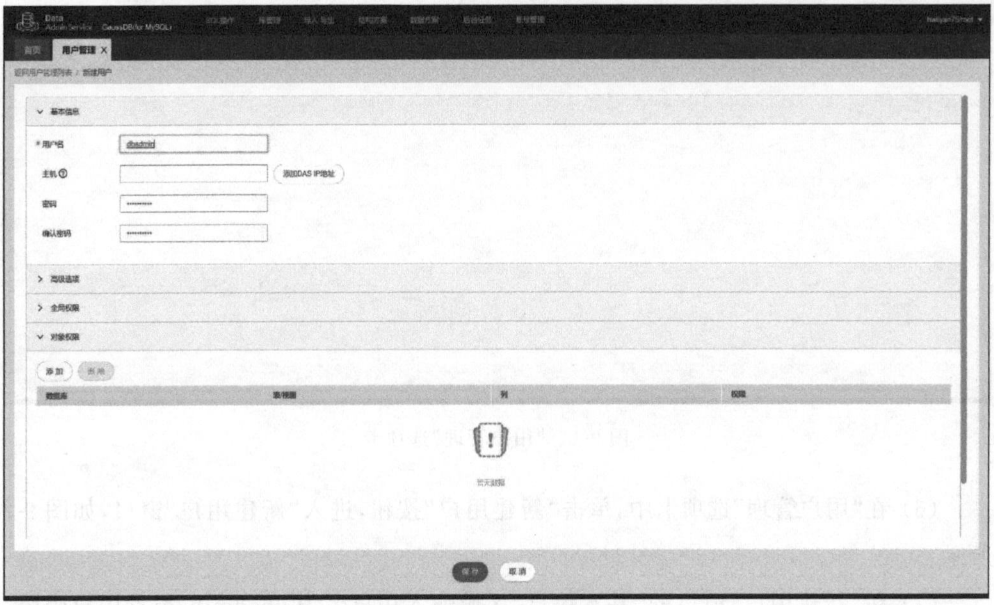

图 9-3 "基本信息"设置

保留默认设置,如图 9-4 所示。

图 9-4　"高级选项"设置

(9) 在"新建用户"窗口的"全局权限"区域,在"权限"列选中 SELECT 复选框,如图 9-5 所示。

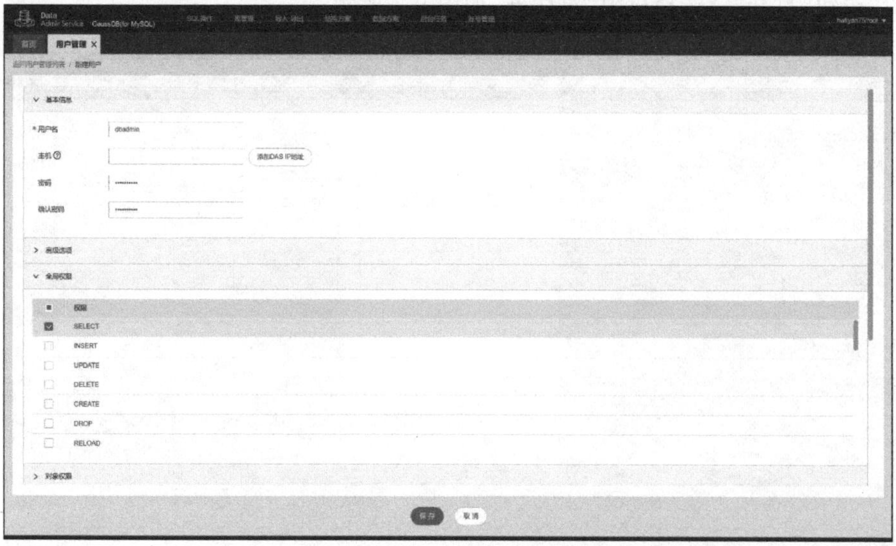

图 9-5　"全局权限"设置

（10）在"新建用户"窗口的"对象权限"区域单击"添加"按钮，打开"数据库"列表，选择数据库 XinHua_GuassDB_1 实例，如图 9-6 所示。

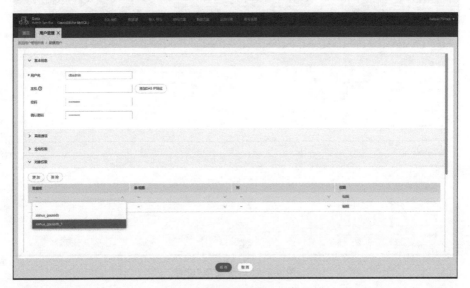

图 9-6 "对象权限"设置（一）

（11）然后进行"表/视图"设置、"列"设置（默认全部表可用）和"权限"设置，单击"编辑"按钮，打开"请选择权限"对话框，如图 9-7 所示。

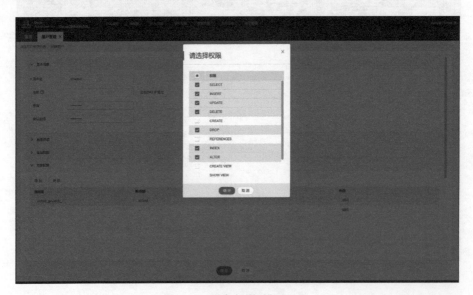

图 9-7 "对象权限"设置（二）

（12）在"新建用户"窗口单击"保存"按钮，打开"SQL 预览"对话框，如图 9-8 所示。

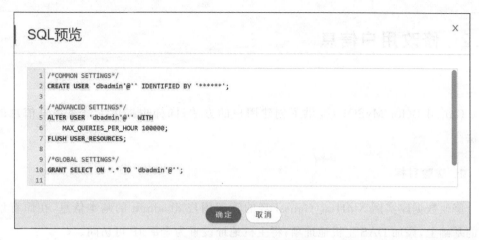

图 9-8　"SQL 预览"对话框

（13）在"SQL 预览"对话框中，单击"确定"按钮，完成用户创建操作，返回"用户管理"选项卡，管理用户 dbadmin 已创建完成，如图 9-9 所示。

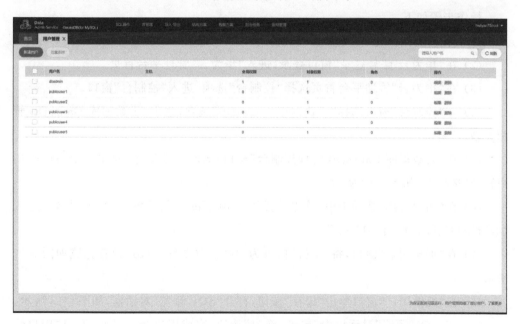

图 9-9　创建管理用户 dbadmin

9.2 修改用户信息

GaussDB(for MySQL)提供了创建用户的方法,同样也提供了修改用户信息的方法。

1. 实验目标

修改数据库实例 XinHua_GaussDB 的管理用户 dbadmin 的基本信息,在原有信息的基础上,添加 DAS 主机地址项,将主机地址设置为全部 IP 可访问。

2. 操作步骤

利用 GaussDB(for MySQL)"管理控制台"修改用户信息。

操作步骤如下:

(1) 打开浏览器,进入"华为云-账号登录"窗口。

(2) 在"华为云-账号登录"窗口登录,进入"华为云"管理平台首页。

(3) 在"华为云"管理平台首页选择"控制台"选项,进入"控制台"窗口。

(4) 在"控制台"窗口选择"云数据库 GaussDB"选项,进入"云数据库 GaussDB-管理控制台"窗口。

(5) 在"云数据库 GaussDB-管理控制台"窗口选择"其他操作"菜单命令,打开"用户管理"选项卡,如图 9-10 所示。

(6) 在"用户管理"选项卡中,首先选择用户 dbadmin,然后单击"编辑"按钮,进入"编辑用户"窗口,如图 9-11 所示。

(7) 在"编辑用户"窗口,将"主机"修改为"100%"(全部网段),设置完成如图 9-12 所示。

(8) 在"编辑用户"窗口单击"保存"按钮,打开"SQL 预览"对话框,如图 9-13 所示。

(9) 在"SQL 预览"对话框中,单击"确定"按钮,完成用户修改操作,返回"用户管理"选项卡,可以看到管理用户 dbadmin 的"主机"列已经修改为"100%",如图 9-14 所示。

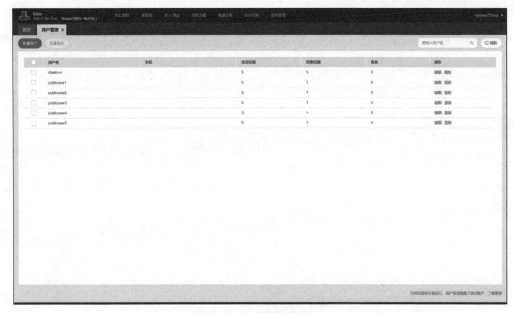

图 9-10　"用户管理"选项卡

图 9-11　"编辑用户"窗口

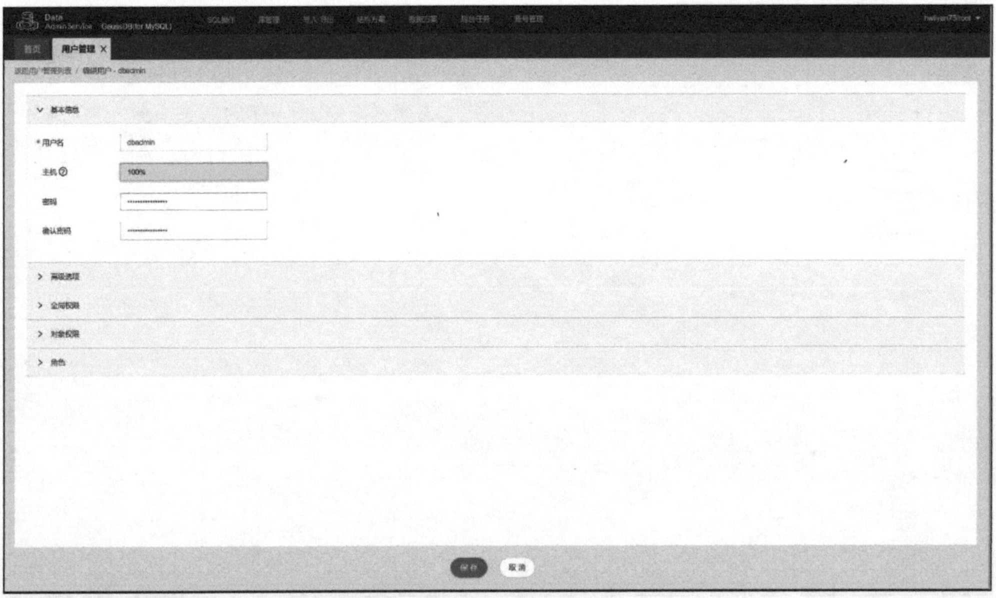

图 9-12 "主机"设置

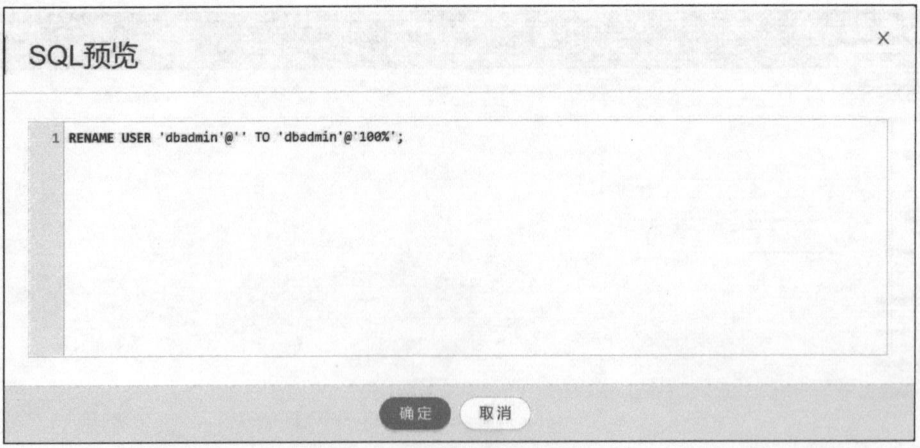

图 9-13 "SQL 预览"对话框

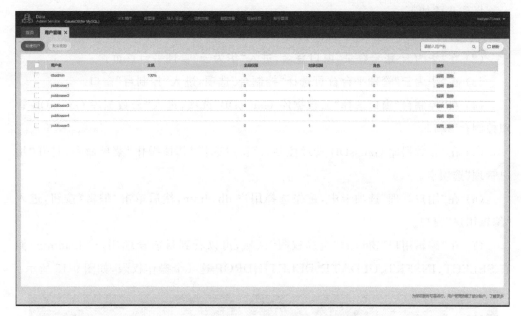

图 9-14　管理用户 dbadmin 信息修改完成

9.3　修改用户权限

数据库系统管理用户的权限通常会根据数据库系统用户的增减进行调整,一方面使用户操作方便,更多时候是为保证数据的一致性。

1. 实验目标

已知修改数据库实例 XinHua_GaussDB 管理用户 dbadmin 的权限,回收 SELECT 全局权限,以及对数据库表的 INSERT、UPDATE 和 DELETE 权限,回收管理用户 dbadmin 对数据库实例 XinHua_GaussDB 中多个表的 INSERT、UPDATE 和 DELETE 权限,使用户只有访问表数据的 SELECT 权限。

2. 操作步骤

利用 GaussDB(for MySQL)"管理控制台"修改用户权限。

操作步骤如下：

(1) 打开浏览器,进入"华为云-账号登录"窗口。

(2) 在"华为云-账号登录"窗口登录,进入"华为云"管理平台首页。

(3) 在"华为云"管理平台首页选择"控制台"选项,进入"控制台"窗口。

(4) 在"控制台"窗口选择"云数据库 GaussDB"选项,进入"云数据库 GaussDB-管理控制台"窗口。

(5) 在"云数据库 GaussDB-管理控制台"窗口选择"其他操作"菜单命令,打开"用户管理"选项卡。

(6) 在"用户管理"选项卡中,首先选择用户 dbadmin,然后单击"编辑"按钮,进入"编辑用户"窗口。

(7) 在"编辑用户"窗口的"全局权限"区域,可以看到目前管理用户(dbadmin)拥有 SELECT、INSERT、UPDATE、DELETE、DROP 这 5 个操作权限,如图 9-15 所示。

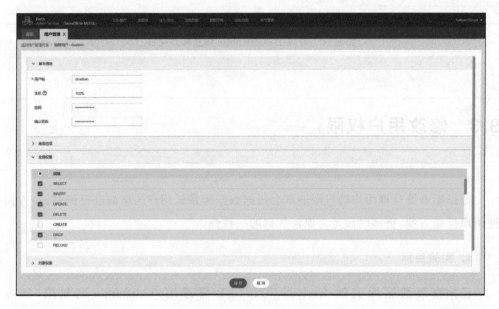

图 9-15 "全局权限"设置

(8) 在"编辑用户"窗口的"全局权限"区域,回收管理用户 dbadmin 拥有的 INSERT、UPDATE、DELETE 和 DROP 这 4 个操作权限,如图 9-16 所示。

(9) 在"编辑用户"窗口,单击"保存"按钮,打开"SQL 预览"对话框,如图 9-17 所示。

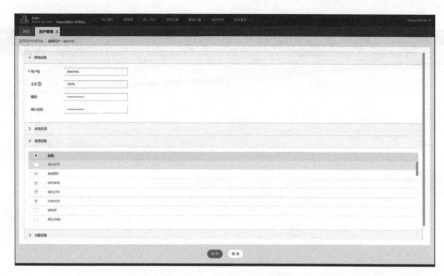

图 9-16　回收"全局权限"

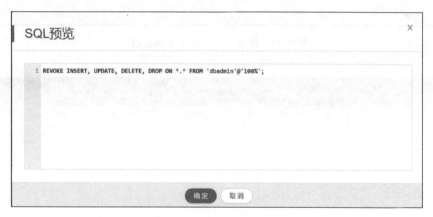

图 9-17　"SQL 预览"对话框

（10）在"SQL 预览"对话框中，单击"确定"按钮，完成用户全局权限的修改，返回"用户管理"选项卡，如图 9-18 所示。

（11）在"编辑用户"窗口的"对象权限"区域，可以看到 dbadmin 拥有 3 个数据表的 SELECT、INSERT、UPDATE 操作权限，如图 9-19 所示。

（12）在"编辑用户"窗口的"对象权限"区域，回收 dbadmin 拥有的 3 个数据表的 UPDATE 操作权限，如图 9-20 所示。

（13）在"编辑用户"窗口中，单击"保存"按钮，打开"SQL 预览"对话框，如图 9-21 所示。

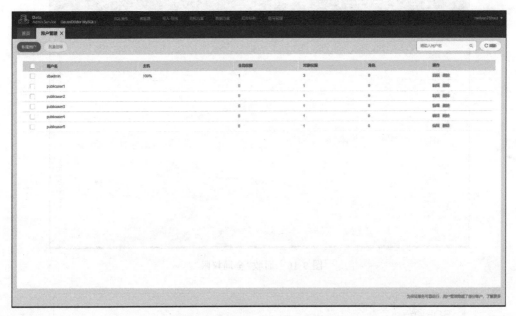

图 9-18　修改了 dbadmin 全局权限

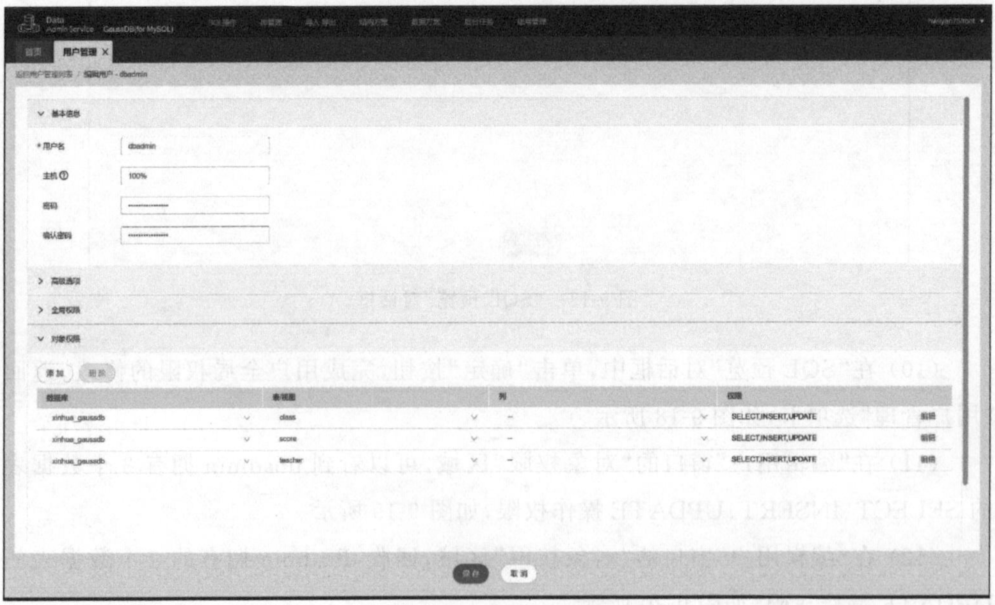

图 9-19　"对象权限"设置

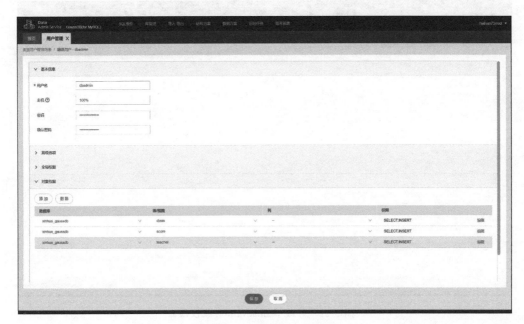

图 9-20　回收"对象权限"

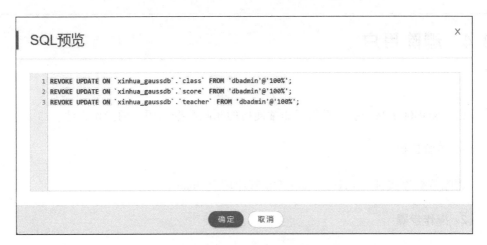

图 9-21　"SQL 预览"对话框

(14) 在"SQL 预览"对话框中,单击"确定"按钮,完成用户全局权限的修改,返回"用户管理"选项卡,如图 9-22 所示。

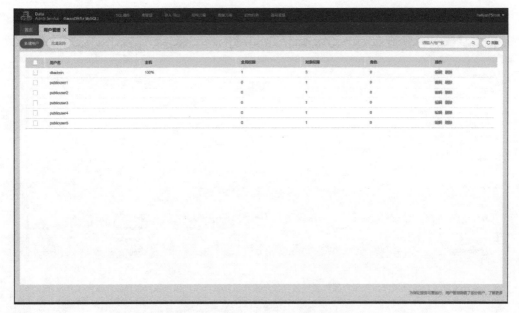

图 9-22　修改了 dbadmin 对象权限

9.4　删除用户

GaussDB(for MySQL)提供了非常便捷的删除数据库用户的操作方法。

1. 实验目标

删除数据库实例 XinHua_GaussDB 管理用户 dbadmin。

2. 操作步骤

利用 GaussDB(for MySQL)"管理控制台"删除用户信息。

操作步骤如下：

(1) 打开浏览器,进入"华为云-账号登录"窗口。

(2) 在"华为云-账号登录"窗口登录,进入"华为云"管理平台首页。

(3) 在"华为云"管理平台首页选择"控制台"选项,进入"控制台"窗口。

（4）在"控制台"窗口选择"云数据库 GaussDB"选项，进入"云数据库 GaussDB-管理控制台"窗口。

（5）在"云数据库 GaussDB-管理控制台"窗口选择"其他操作"菜单命令，打开"用户管理"选项卡。

（6）在"用户管理"选项卡中，首先选择用户 dbadmin，然后单击"删除"按钮，打开"删除"对话框，如图 9-23 所示。

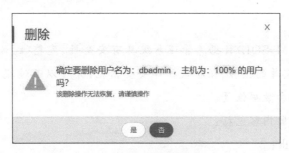

图 9-23　"删除"对话框

（7）在"删除"对话框中，单击"是"按钮，完成删除管理用户 dbadmin，返回"用户管理"选项卡，如图 9-24 所示。

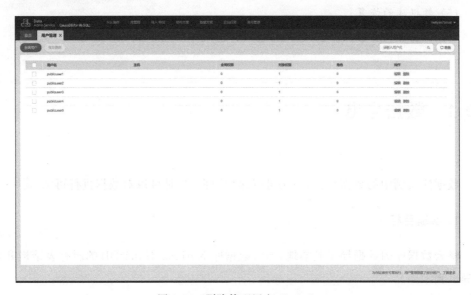

图 9-24　删除管理用户 dbadmin

第 10 章

GaussDB(for MySQL)数据备份与恢复操作实验

GaussDB(for MySQL)数据库管理系统具有安全性、完整性、恢复技术和并发控制等功能,提供了完善的预防、保护数据库安全措施,并可以通过减少冗余和容错、纠错进行数据库优化和数据恢复。

本章的主要实验内容包括:

(1) 数据的导出;

(2) 数据的导入;

(3) 数据库的自动备份;

(4) 数据库的手动备份;

(5) 数据库的恢复;

(6) 数据库的备份删除。

10.1 数据导出

数据库实例中的数据导出,一是可以保护数据,二是可以对数据进行再加工。

1. 实验目标

将云数据库的数据导出到本地,即将数据库 XinHua_GaussDB 的所有表结构和数据导出到本地。

2. 操作步骤

利用 GaussDB(for MySQL)"管理控制台"导出数据。

操作步骤如下：

（1）打开浏览器，进入"华为云-账号登录"窗口。

（2）在"华为云-账号登录"窗口登录，进入"华为云"管理平台首页。

（3）在"华为云"管理平台首页选择"控制台"选项，进入"控制台"窗口。

（4）在"控制台"窗口选择"云数据库 GaussDB"选项，进入"云数据库 GaussDB-管理控制台"窗口。

（5）在"云数据库 GaussDB-管理控制台"窗口，首先选择"导入·导出"菜单，然后选择"导出"菜单命令，打开"导出"选项卡，如图 10-1 所示。

图 10-1　"导出"选项卡

（6）在"导出"选项卡中，首先单击"新建任务"按钮，然后选择"导出数据库"选项，打开"新建数据库导出任务"对话框。

（7）在"新建数据库导出任务"对话框中，首先选择导出数据库 XinHua_GaussDB，然后设置导出文件类型为 SQL 和"结构和数据"，最后创建"OBS 桶"并进行文件暂存，如图 10-2 所示。

（8）在"新建数据库导出任务"对话框右侧的"表信息"区域，选择导出的数据库表，如图 10-3 所示。

（9）在"新建数据库导出任务"对话框中，首先单击"高级选项"选项，打开"高级选项"设置区域,然后选择导出的数据库对象,例如存储过程、事件、触发器、视图等,其他选项根据实际情况设置,如图 10-4 所示。

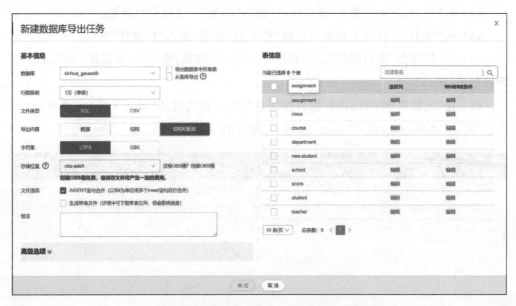

图 10-2　"新建数据库导出任务"对话框(基本信息)

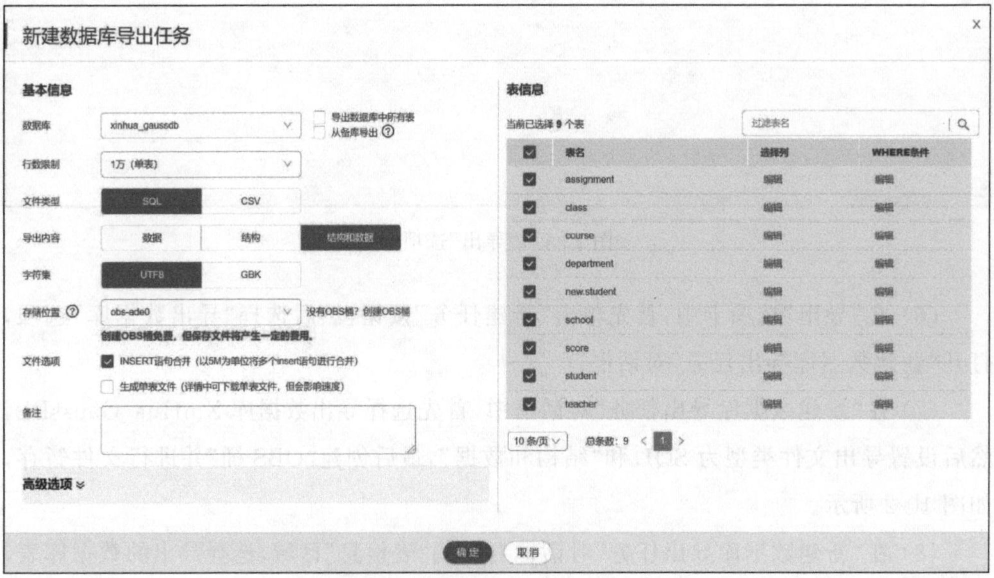

图 10-3　"新建数据库导出任务"对话框(表信息)

图 10-4　"新建数据库导出任务"对话框(高级选项)

(10) 在"新建数据库导出任务"对话框中,其他选项保持默认设置,单击"确定"按钮,返回"导出"选项卡,导出进度显示如图 10-5 所示。

图 10-5　导出进度显示

(11) 在"导出"选项卡中，单击"查看详情"按钮，打开"任务详情"对话框，可以查看导出详情，如图 10-6 所示。

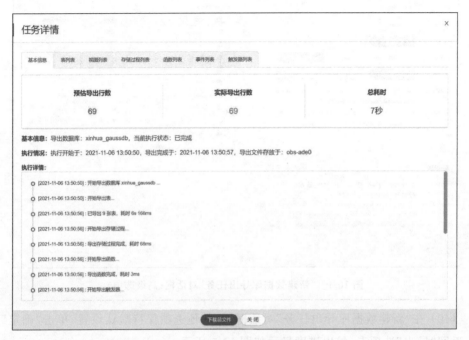

图 10-6　"任务详情"对话框

(12) 在"任务详情"对话框中，单击"下载总文件"按钮，下载导出数据库的 SQL 文件，完成数据库导出操作，使用"文本编辑工具"可以阅读 SQL 文件，如图 10-7 所示。

图 10-7　数据库 XinHua_GaussDB 导出的 SQL 文件

10.2　导入 SQL 文件

数据导入是数据导出的逆操作,利用 GaussDB(for MySQL)"管理控制台"可以将 SQL 文件导入数据库实例中。

1. 实验目标

将已知的 SQL 文件格式数据库 XinHua_GaussDB 整体(表结构和数据)导入到数据库 XinHua_Backup 中。

2. 操作步骤

利用 GaussDB(for MySQL)"管理控制台"导入 SQL 文件。
操作步骤如下:
(1) 打开浏览器,进入"华为云-账号登录"窗口。
(2) 在"华为云-账号登录"窗口登录,进入"华为云"管理平台首页。
(3) 在"华为云"管理平台首页选择"控制台"选项,进入"控制台"窗口。
(4) 在"控制台"窗口选择"云数据库 GaussDB"选项,进入"云数据库 GaussDB-管理控制台"窗口。
(5) 在"云数据库 GaussDB-管理控制台"窗口,首先选择"导入·导出"菜单,然后选择"导入"菜单命令,打开"导入"选项卡,如图 10-8 所示。
(6) 在"导入"选项卡中,单击"新建任务"按钮,打开"新建任务"对话框,如图 10-9 所示。
(7) 在"新建任务"对话框中设置导入选项,首先在"导入类型"栏选择 SQL,然后在"文件来源"栏选择"上传文件"选项,再在"选择附件"栏单击"＋"按钮,选择 SQL 文件,最后在"数据库"栏选择目标导入的数据库 XinHua_Backup,如图 10-10 所示。
(8) 在"新建任务"对话框中,默认其他设置,单击"创建导入任务"按钮,弹出"消息框",单击"确定"按钮,完成数据库导入操作,如图 10-11 所示。
(9) 数据库导入的时间会根据 SQL 文件大小和复杂程度而改变,等待片刻,返回"导入"选项卡,可以看到刚才的导入任务已经成功完成,如图 10-12 所示。

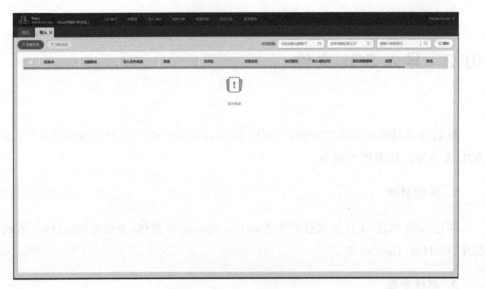

图 10-8 "导入"选项卡

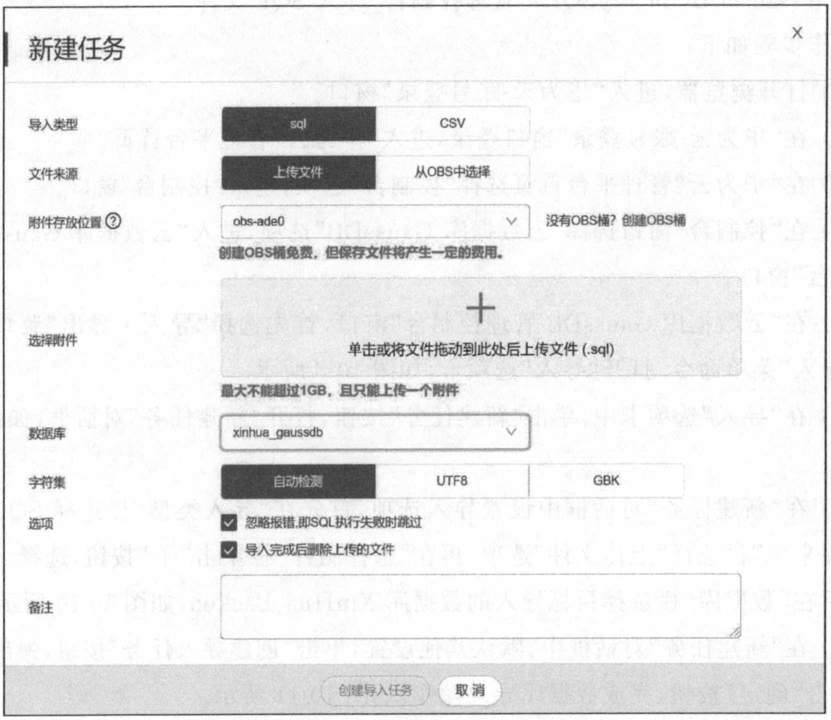

新建任务

| 导入类型 | sql | CSV |

| 文件来源 | 上传文件 | 从OBS中选择 |

附件存放位置 ⑦   obs-ade0   没有OBS桶? 创建OBS桶
创建OBS桶免费，但保存文件将产生一定的费用。

选择附件

+

单击或将文件拖动到此处后上传文件 (.sql)

最大不能超过1GB，且只能上传一个附件

数据库   xinhua_gaussdb

| 字符集 | 自动检测 | UTF8 | GBK |

选项 ☑ 忽略报错，即SQL执行失败时跳过
     ☑ 导入完成后删除上传的文件

备注

创建导入任务   取消

图 10-9 "新建任务"对话框

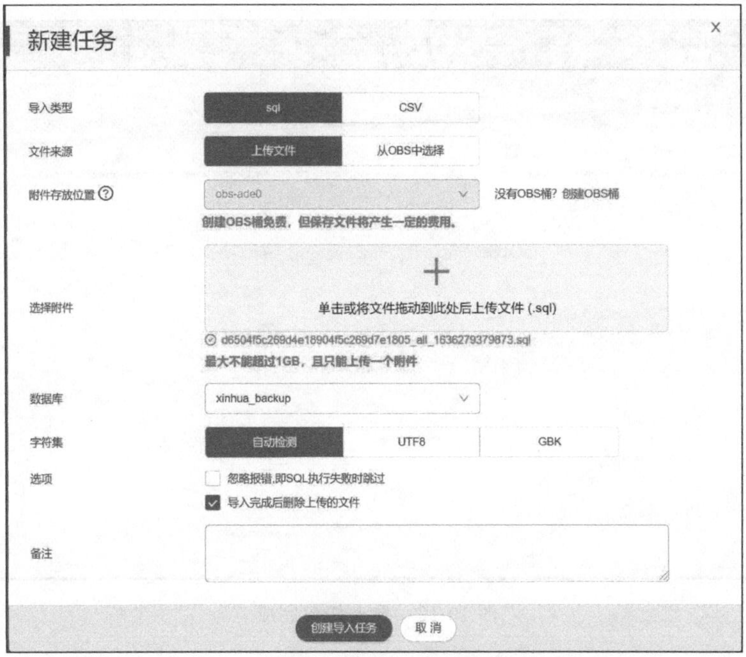

图 10-10　导入 SQL 文件格式数据库(XinHua_GaussDB)

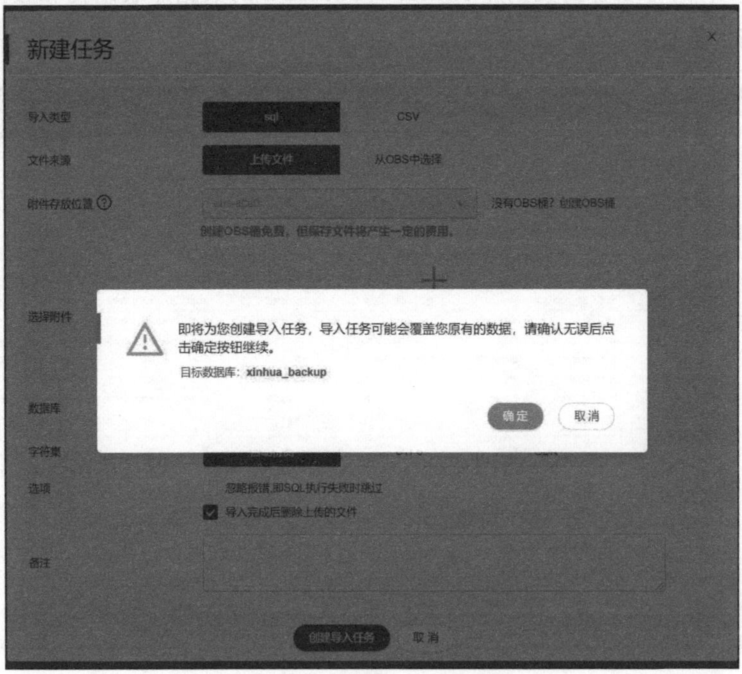

图 10-11　确认对话框

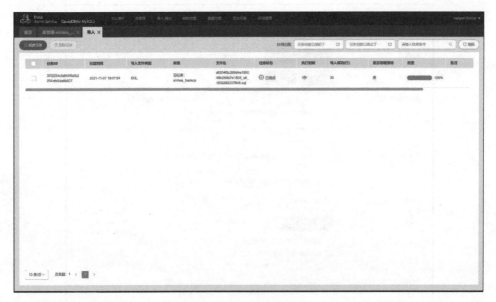

图 10-12　导入任务完成

（10）返回"首页"选项卡，选择数据库 XinHua_Backup 行的"库管理"按钮，进入"库管理"选项卡，可以看到数据库 XinHua_GaussDB 的数据库表结构和数据已经成功导入到了新的数据库 XinHua_Backup 中，如图 10-13 所示。

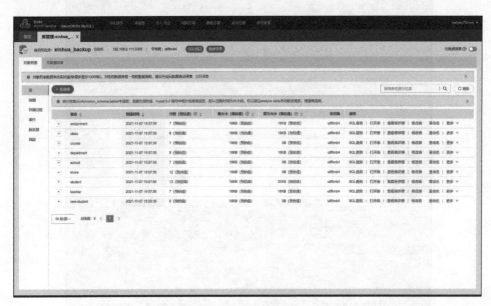

图 10-13　导入完成结果

10.3　导入 CSV 文件

利用 GaussDB(for MySQL)"管理控制台"可以将 CSV 文件导入到数据库实例中。

1. 实验目标

已知如表 10-1 所示内容是新学期入学的新生信息。

表 10-1　CSV 文件数据

Student_id	Course_id	Score
190115	01-01	97
190115	01-02	89
190115	01-03	90
190115	01-04	91
190132	01-01	70
190132	01-02	66
190132	01-03	56
190132	01-04	60
190101	01-01	90
190101	01-02	76
190101	01-03	87
190101	01-04	94

将其追加到数据库(XinHua_GaussDB)中,即将表 10-1 中的内容编辑成 CSV 格式的文件,便可直接导入数据库。

2. 操作步骤

利用 GaussDB(for MySQL)"管理控制台"导入 CSV 文件。

操作步骤如下:

(1) 打开浏览器,进入"华为云-账号登录"窗口。

(2) 在"华为云-账号登录"窗口登录,进入"华为云"管理平台首页。

(3) 在"华为云"管理平台首页选择"控制台"选项,进入"控制台"窗口。

(4) 在"控制台"窗口选择"云数据库 GaussDB"选项,进入"云数据库 GaussDB-管理控制台"窗口。

（5）在"云数据库 GaussDB-管理控制台"窗口，首先选择"导入·导出"菜单，然后选择"导入"菜单命令，打开"导入"选项卡。

（6）在"导入"选项卡中，单击"新建任务"按钮，打开"新建任务"对话框。

（7）在"新建任务"对话框中，设置导入选项，首先在"导入类型"栏选择 CSV，然后在"文件来源"栏选择"上传文件"选项，再在"选择附件"栏单击"＋"按钮，选择 CSV 文件，最后在"数据库"栏选择目标导入的数据库 XinHua_GaussDB 的学生表 score，如图 10-14 所示。

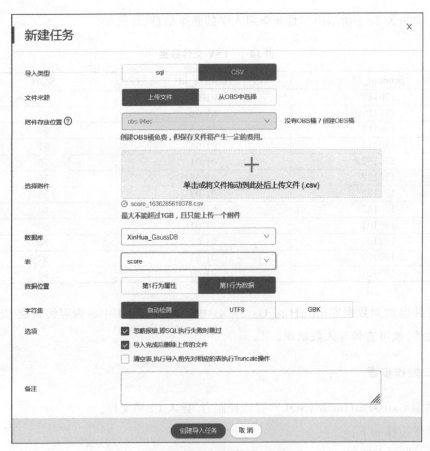

图 10-14　"新建任务"对话框

（8）在"新建任务"对话框中，其他设置保持默认设置，完成任务设置后，单击"创建导入任务"按钮，弹出消息框，单击"确定"按钮，完成数据库导入操作，如图 10-15 所示。

图 10-15　确认对话框

（9）数据库导入的时间会根据 CSV 文件大小和复杂程度而改变，等待片刻，返回"导入"选项卡，可以看到刚才的导入任务已经成功完成，如图 10-16 所示。

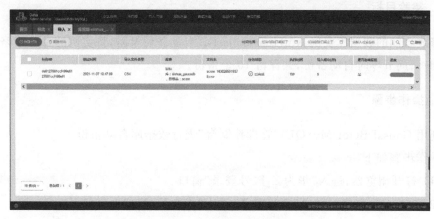

图 10-16　导入任务完成

（10）返回"首页"选项卡，选择数据库 XinHua_GaussDB 行的"库管理"按钮，进入"库管理"选项卡，选择学生表 score，单击右侧"打开表"按钮，可以看到 CSV 文件的数据已经成功导入了，如图 10-17 所示。

图 10-17　完成 CSV 文件导入

10.4　数据库自动备份

数据库实例自动备份是数据安全的基本保障,自动备份的策略是数据库系统用户设置安全性能的一个自定义方法。

1．实验目标

修改已知的数据库实例 XinHua_GaussDB 自动备份策略,将实例的备份策略修改为每周一、周五零时自动备份,共保留 10 个备份。

2．操作步骤

利用 GaussDB(for MySQL)"管理控制台"进行数据库自动备份。

操作步骤如下:

(1) 打开浏览器,进入"华为云-账号登录"窗口。

(2) 在"华为云-账号登录"窗口登录,进入"华为云"管理平台首页。

(3) 在"华为云"管理平台首页选择"控制台"选项,进入"控制台"窗口。

(4) 在"控制台"窗口选择"云数据库 GaussDB"选项,进入"云数据库 GaussDB-管理控制台"窗口如图 10-18 所示。

(5) 在"云数据库 GaussDB-管理控制台"窗口的左侧菜单栏,选择"备份恢复管理"选项,进入"备份恢复管理"窗口,可以看到数据库实例备份列表,如图 10-19 所示。

(6) 在"备份恢复管理"窗口中,可以在"备份开始/结束时间"栏了解当前的实例备份策略(每天凌晨 3 点进行备份,且只保留 8 个自然日的实例备份),如图 10-20 所示。

(7) 在"云数据库 GaussDB-管理控制台"窗口的左侧菜单栏,选择"实例管理"选项,进入"实例管理"窗口,如图 10-21 所示。

(8) 在"实例管理"窗口中,首先选择数据库实例 XinHua_GaussDB,单击"更多"下拉菜单;然后在下拉菜单中选择"参数修改"选项,进入"参数修改"窗口,如图 10-22 所示。

(9) 在"参数修改"窗口,选择"备份恢复"选项,进入"备份恢复"窗口,如图 10-23 所示。

(10) 在"备份恢复"窗口中,单击工具栏中的"修改备份策略"按钮,打开"修改备份

图 10-18　"云数据库 GaussDB-管理控制台"窗口

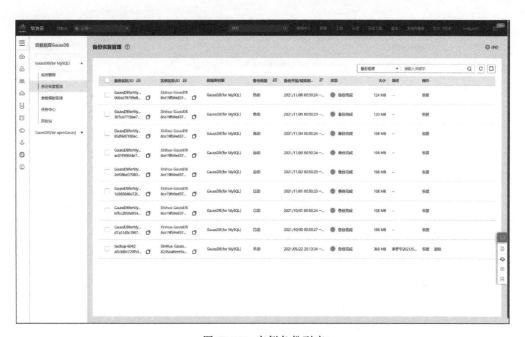

图 10-19　实例备份列表

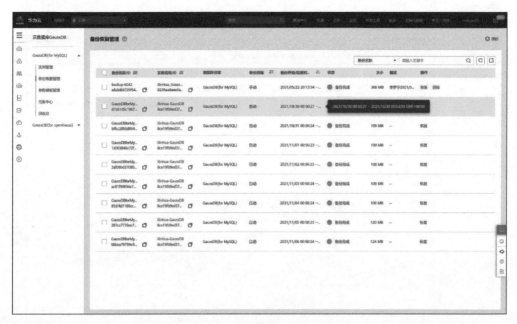

图 10-20　备份开始/结束时间

图 10-21　"实例管理"窗口

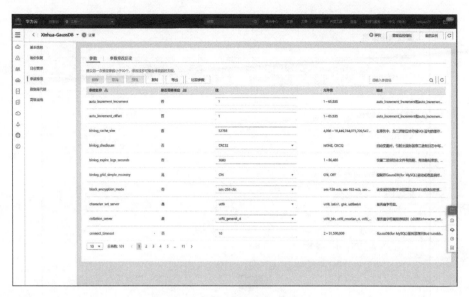

图 10-22　"参数修改"窗口

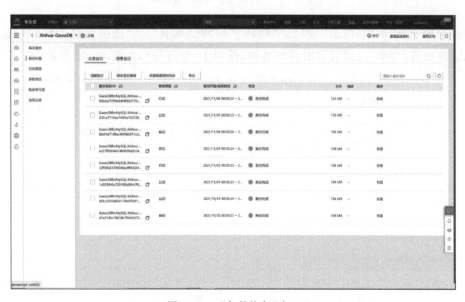

图 10-23　"备份恢复"窗口

策略"对话框,如图 10-24 所示。

（11）在"修改备份策略"对话框中,首先单击"保留天数"栏中的"＋"按钮,将数值修改为"10";然后单击"备份时间段"栏的下拉按钮,选择"00:00-01:00"选项;最后在

图 10-24　"修改备份策略"对话框

"备份周期"栏中取消"周二""周三""周四""周六""周日"5 个选项前复选框的勾选状态,完成设置(每周一、周五零时自动备份,保留 10 个备份),如图 10-25 所示。

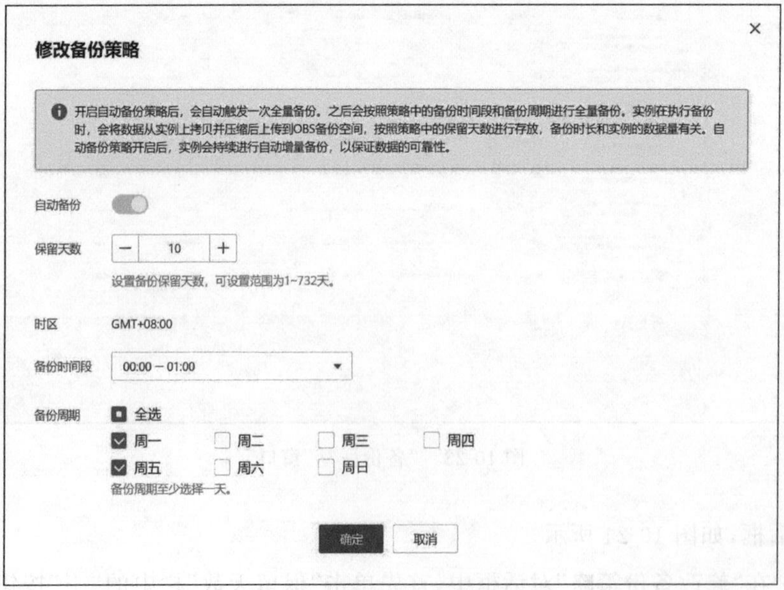

图 10-25　完成备份策略修改

（12）在"修改备份策略"对话框中，单击"确定"按钮，完成备份策略修改设置，返回"备份恢复"窗口，提示"备份策略设置成功"即完成备份策略的修改操作，如图 10-26 所示。

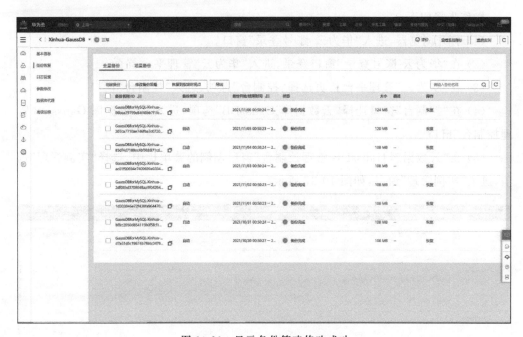

图 10-26　显示备份策略修改成功

10.5　数据库手动备份

利用 GaussDB(for MySQL)"管理控制台"可以进行手动备份数据库实例，这种数据库备份方法比自动备份更灵活，但是因为是不定期备份，有时会被忘记。

1. 实验目标

手动备份数据库实例 XinHua_GaussDB。

2．操作步骤

利用 GaussDB(for MySQL)"管理控制台"手动备份数据。

操作步骤如下：

（1）打开浏览器，进入"华为云-账号登录"窗口。

（2）在"华为云-账号登录"窗口登录，进入"华为云"管理平台首页。

（3）在"华为云"管理平台首页选择"控制台"选项，进入"控制台"窗口。

（4）在"控制台"窗口选择"云数据库 GaussDB"选项，进入"云数据库 GaussDB-管理控制台"窗口。

（5）在"云数据库 GaussDB-管理控制台"窗口左侧的菜单栏中，选择"实例管理"选项，进入"实例管理"窗口，如图 10-27 所示。

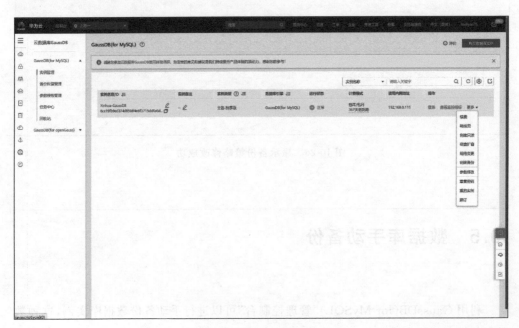

图 10-27 "实例管理"窗口

（6）在"实例管理"窗口中，首先选择数据库实例 XinHua_GaussDB，单击"更多"下拉按钮；然后在下拉菜单中选择"创建备份"选项，打开"创建备份"对话框，如图 10-28 所示。

（7）在"创建备份"对话框中，首先输入备份名 backup-20211106，然后在"描述"栏记录好备份的信息，如图 10-29 所示。

图 10-28　"创建备份"对话框

图 10-29　设置备份信息

（8）在"创建备份"对话框中，单击"确定"按钮，返回"云数据库 GaussDB-管理控制台"窗口，提示备份正在进行，直到手动备份任务创建成功，如图 10-30 所示。

图 10-30　完成数据库手动备份

10.6　数据库恢复

恢复数据库实例,事实上是恢复数据库备份。

1. 实验目标

将数据库实例(XinHua_GaussDB)的手动备份文件(backup-20211106)恢复成新的数据库实例。

2. 操作步骤

利用 GaussDB(for MySQL)"管理控制台"恢复数据库。

操作步骤如下:

(1) 打开浏览器,进入"华为云-账号登录"窗口。

(2) 在"华为云-账号登录"窗口登录,进入"华为云"管理平台首页。

(3) 在"华为云"管理平台首页选择"控制台"选项,进入"控制台"窗口。

(4) 在"控制台"窗口选择"云数据库 GaussDB"选项,进入"云数据库 GaussDB-管理控制台"窗口。

(5) 在"云数据库 GaussDB-管理控制台"窗口左侧的菜单栏中,选择"备份恢复管理"选项,进入"备份恢复管理"窗口,可以看到数据库实例备份列表,如图 10-31 所示。

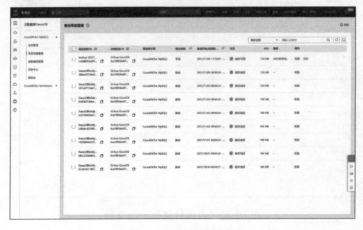

图 10-31　实例备份列表

（6）在"备份恢复管理"窗口中，选择数据库实例备份 backup-20211106，单击"恢复"按钮，打开"恢复备份"对话框，如图 10-32 所示。

图 10-32　"恢复备份"对话框

（7）在"恢复备份"对话框中，选择需要恢复到的实例，单击"确定"按钮，完成数据库恢复操作。

10.7　删除数据库备份

为了保证数据库中的数据安全，我们需要经常作数据库实例备份，但有时随着数据库操作的需求变化，数据库实例的备份文件也要随时更新和去重。由此，GaussDB (for MySQL)数据库管理系统提供了清理实例备份文件的方法。

1. 实验目标

删除数据库实例 XinHua_GaussDB 的备份文件 backup-20211106。

2. 操作步骤

利用 GaussDB(for MySQL)"管理控制台"删除数据库备份。

操作步骤如下：

（1）打开浏览器，进入"华为云-账号登录"窗口。

（2）在"华为云-账号登录"窗口登录，进入"华为云"管理平台首页。

（3）在"华为云"管理平台首页选择"控制台"选项，进入"控制台"窗口。

（4）在"控制台"窗口选择"云数据库 GaussDB"选项，进入"云数据库 GaussDB-管理控制台"窗口。

（5）在"云数据库 GaussDB-管理控制台"窗口左侧的菜单栏选择"备份恢复管理"选项，进入"备份恢复管理"窗口，如图 10-33 所示。

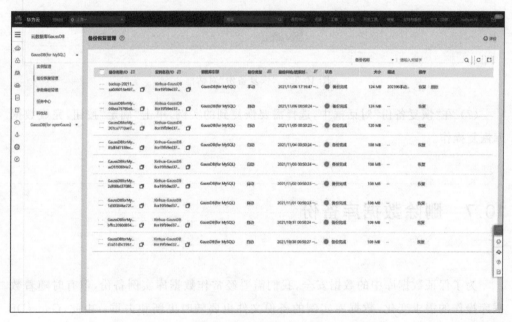

图 10-33　实例备份列表

（6）在"备份管理"窗口，选择数据库备份 backup-20211106，单击"删除"按钮，打开"确认删除"对话框，如图 10-34 所示。

（7）在"确认删除"对话框中，单击"是"按钮，返回"备份恢复管理"窗口，提示删除命令已下达，直到数据库备份文件删除操作完成，如图 10-35 所示。

图 10-34　确认删除对话框

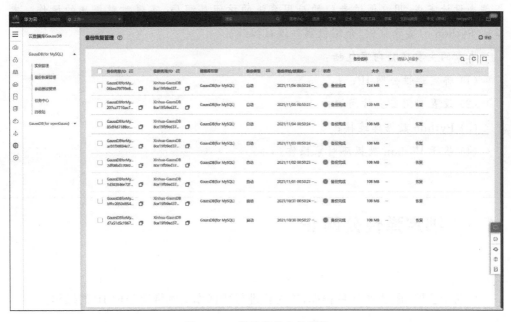

图 10-35　完成备份文件删除

第 11 章

GaussDB(for MySQL)基于 Python 数据库应用开发实验

一个完善的数据库应用系统,其用户操作界面通常借助于高级语言或专门的 Web 框架来设计完成,用户通过专门的应用系统的访问层程序,实现对数据库的操作。本章以 Python 为实验案例,介绍数据库连接操作。

本章的主要实验内容包括:

(1) 绑定弹性公网 IP;

(2) 设置实例安全访问组;

(3) Python 数据库连接;

(4) 基于 Python 数据库对象操作。

11.1 绑定弹性公网 IP

借助于公网 IP,去访问数据库,首先要进行数据库实例绑定公网 IP 的操作。

1. 实验目标

将已知数据库实例(XinHua_GaussDB)与公网 IP 绑定。

2. 操作步骤

利用 GaussDB(for MySQL)"管理控制台"将数据库实例绑定公网 IP。

操作步骤如下:

(1) 打开浏览器,进入"华为云-账号登录"窗口。

(2) 在"华为云-账号登录"窗口登录,进入"华为云"管理平台首页。

（3）在"华为云"管理平台首页选择"控制台"选项，进入"控制台"窗口。

（4）在"控制台"窗口的左侧菜单栏选择"服务列表"菜单命令，打开"服务列表"选项卡，如图 11-1 所示。

图 11-1　"服务列表"选项卡

（5）在"服务列表"选项卡中选择"弹性公网 IP"选项，可以查看弹性公网 IP 列表（如果列表为空，则可单击窗口右上角的"购买弹性公网 IP"按钮，进行购买），确认有可绑定的弹性公网 IP，如图 11-2 所示。

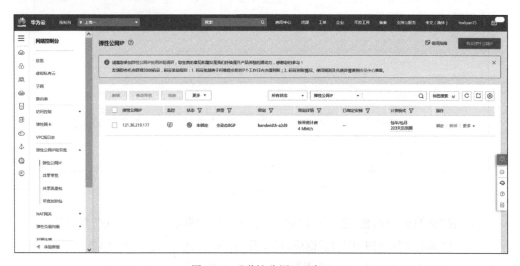

图 11-2　"弹性公网 IP"窗口

(6) 返回"云数据库 GaussDB-管理控制台"窗口，单击数据库实例名 XinHua_GaussDB，进入"实例详情"窗口，如图 11-3 所示。

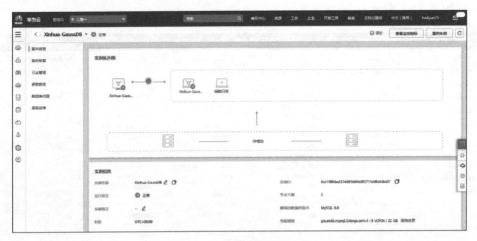

图 11-3 "实例详情"窗口

(7) 在"实例详情"窗口中，查看"网络信息"标签下的"读写公网地址"栏，可以看到此栏的未绑定状态，显示"绑定"按钮，如图 11-4 所示。

图 11-4 "网络信息"标签

(8) 在"读写公网地址"栏，单击"绑定"按钮，打开"绑定弹性公网 IP"对话框。

(9) 在"绑定弹性公网 IP"对话框中，可以看到弹性公网 IP 列表中的"121.36.219.177"数据行，"状态"列为"未绑定"。选中数据行前的单选按钮，如图 11-5 所示。

(10) 在"绑定弹性公网 IP"对话框中，单击"确定"按钮，返回"实例详情"窗口，提

图 11-5　"绑定弹性公网 IP"对话框

示绑定命令已经下发成功,完成弹性公网 IP 绑定操作,如图 11-6 所示。

图 11-6　弹性公网 IP 绑定完成

11.2　设置实例安全访问组

利用 GaussDB(for MySQL)可以进行安全访问组参数的设置,以确保数据库资源的安全。

1．实验目标

为数据库实例 XinHua_GaussDB 设置安全访问组。

2．操作步骤

利用 GaussDB(for MySQL)"管理控制台"设置安全访问组。

操作步骤如下：

（1）打开浏览器，进入"华为云-账号登录"窗口。

（2）在"华为云-账号登录"窗口登录，进入"华为云"管理平台首页。

（3）在"华为云"管理平台首页选择"控制台"选项，进入"控制台"窗口。

（4）在"控制台"窗口选择"云数据库 GaussDB"选项，进入"云数据库 GaussDB-管理控制台"窗口。

（5）在"云数据库 GaussDB-管理控制台"窗口选择数据库实例 XinHua_GaussDB 单击"实例详情"窗口，进入"实例详情"窗口。

（6）在"实例详情"窗口的"网络信息"区域，查看"读写公网地址"，如图 11-7 所示。

图 11-7 "网络信息"区域

（7）在"实例详情"窗口，单击"内网安全组"栏的安全组名 default_securitygroup，进入"安全组-控制台"窗口，如图 11-8 所示。

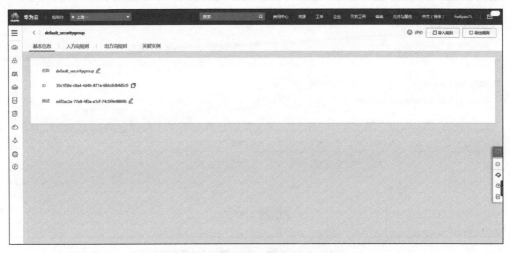

图 11-8　"安全组-控制台"窗口

（8）在"安全组-控制台"窗口中，选择"入方向规则"选项卡，如图 11-9 所示。

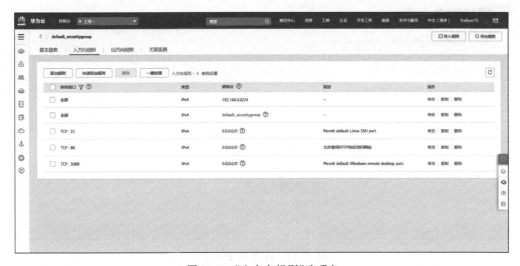

图 11-9　"入方向规则"选项卡

（9）在"入方向规则"选项卡中，单击"添加规则"按钮，打开"添加入方向规则"对话框，如图 11-10 所示。

（10）在"添加入方向规则"对话框中，设置 TCP 协议，单击"协议端口"列下的下拉菜单，在"基本协议"中选择"自定义 TCP"选项，如图 11-11 所示。

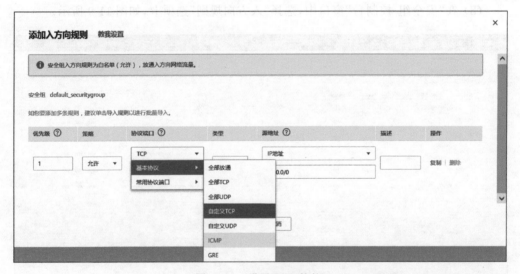

图 11-10 "添加入方向规则"对话框

图 11-11 设置 TCP 协议

(11) 在"添加入方向规则"对话框中,其他选项保持默认设置,如图 11-12 所示。

(12) 在"添加入方向规则"对话框中,设置 GaussDB(for MySQL)端口访问权限,首先单击"增加 1 条规则",然后单击"协议端口"列的下拉菜单,在"常用协议端口"中选择"MySQL(3306)"选项,如图 11-13 所示。

(13) 在"添加入方向规则"对话框中,其他选项保持默认设置,如图 11-14 所示。

第 11 章　GaussDB(for MySQL)基于 Python 数据库应用开发实验

图 11-12　设置 ICMP 协议

图 11-13　设置数据库端口访问权限

179

图 11-14　数据库端口访问权限其他设置

（14）在"添加入方向规则"对话框中，单击"确定"按钮，返回"安全组-控制台"窗口，完成安全组访问设置，如图 11-15 所示。

图 11-15　设置安全组入方向规则

（15）关闭浏览器，打开"DOS 控制台"，输入以下命令测试实例安全组是否设置成功：

```
Ping 121.36.219.177
```

设置成功后效果如图 11-16 所示。

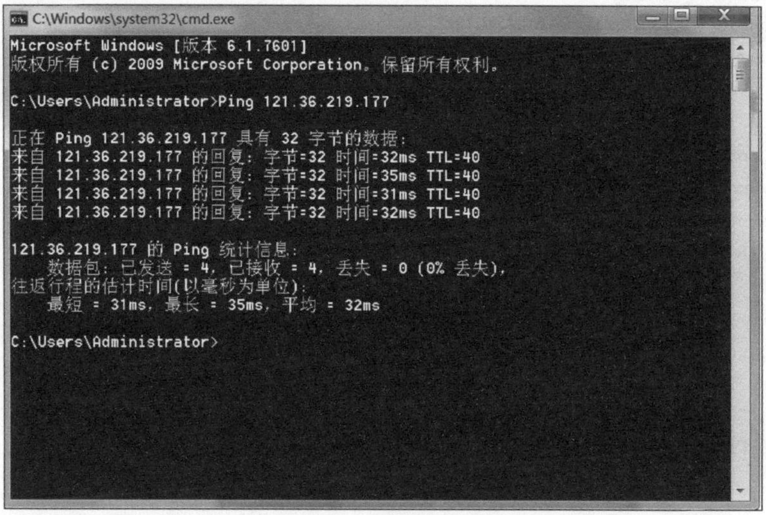

图 11-16　安全组设置状态

11.3　Python 数据库连接

Python 代码连接 GaussDB(for MySQL)数据库实例是数据库连接的方法之一。

1. 实验目标

编写连接数据库实例 XinHua_GaussDB 的 Python 代码。

2. 操作步骤

编写连接数据库程序。
操作步骤如下：
（1）编写程序代码。
连接数据库实例 XinHua_GaussDB 的程序代码如下：

```
from flask import Flask
```

```
app = Flask(__name__)
# 配置数据库的地址
app.config['SQLALCHEMY_DATABASE_URI'] =
'mysql:pymysql//root:123123@121.36.219.177:3306/xinhua_gaussdb'


@app.route('/')
def index():
    return 'Easy MySQL'


if __name__ == '__main__':
    app.debug = True
    app.run()
```

（2）运行程序完成数据库的连接。

11.4 基于 Python 数据库对象的操作

对于大多数数据库应用系统来说，数据库的操作多数是依赖数据库管理系统支持的高级语言的程序进行控制，Python 是目前较为流行的对数据库对象进行操作的程序设计语言。

1. 实验目标

根据数据库 XinHua_GaussDB 中数据库表 Student 的表结构（如表 11-1 所示），完成数据库对象操作，包括数据对象的定义、数据查询、数据添加和数据删除。

表 11-1 Student 表结构

字　段　名	字段别名	字段类型	字段长度	索　　引	备　　注
Student_id	学号	char	6	有（无重复）	主键
Student_name	姓名	char	6	—	—
Gender	性别	char	2	—	—
Birth	出生年月	datetime	默认值	—	—
Birthplace	籍贯	char	50	—	—
Class_id	班级编号	char	8	—	外键

2. 操作步骤

Python 对数据库对象进行操作。

操作步骤如下。

(1) 编写数据定义程序代码。

"新华大学智慧化校园管理系统"数据库 XinHua_GaussDB 数据库表 Student 的
数据定义代码如下：

```python
class Student(db.Model):
    __tablename__ = 'student'

    student_id = db.Column(db.String(6), primary_key=True)
    student_name = db.Column(db.String(6), unique=True)
    gender = db.Column(db.String(2))
    birth = db.Column(db.DateTime)
    birthplace = db.Column(db.String(50))
    class_id = db.Column(db.String(8), unique=True)
```

(2) 编写数据查询程序代码。

查询学生表 Student 中所有学生信息并按照每页 5 行数据显示的代码如下：

```python
page = int(request.args.get('page', 1))
page_num = int(request.args.get('page_num', 5))
paginate = Student.query.order_by('id').paginate(page, page_num)
students = paginate.items
```

(3) 编写添加数据程序代码。

从前台页面获取数据，向学生表 Student 中添加学生信息的代码如下：

```python
student = Student()
student.student_id = request.form.get('student_id')
student.student_name = request.form.get('student_name')
student.gender = request.form.get('gender')
student.birth = request.form.get('birth')
student.birthplace = request.form.get('birthplace')
student.class_id = request.form.get('class_id')
db.session.add(student)
db.session.commit()
```

（4）编写删除数据程序代码。

从前台页面获取数据，向学生表 Student 中添加学生信息的代码如下：

```
student_id = request.args.get('student_id')
item = Book.query.filter_by(student_id = student_id).first()
db.session.delete(item)
db.session.commit()
```

第 12 章

GaussDB(for MySQL)基于 Web 数据库应用开发实验

Web 涉及的内容非常广泛。在数据库应用系统开发过程中,大部分基础性的(安全性、数据流控制)数据处理工作都可以通过 Web 提供的成熟稳定的框架来处理,而 GaussDB(for MySQL)提供连接和利用 Web 框架良好环境和途径。对开发者而言,开发时只需要关注具体的业务逻辑,不必关心框架的名和内在逻辑。

本章的主要实验内容包括:

(1) Web 项目搭建;

(2) 创建 Flask 访问程序;

(3) 数据管理模块实例。

12.1 Web 项目搭建

本节的内容是基于 Python 编译环境和 PyCharm 编译器的 Web 项目搭建。

1. 实验目标

基于 Flask 框架创建 Web 项目 Flask_test。

2. 操作步骤

创建 Web 项目。

操作步骤如下:

(1) 打开 PyCharm 编辑器,单击"文件"菜单,选择"新建项目"选项,打开新建项目 (Create Project)窗口,如图 12-1 所示。

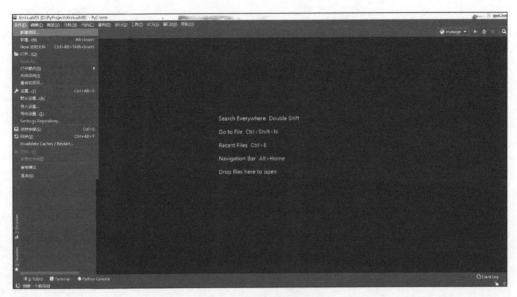

图 12-1　新建项目窗口

（2）在新建项目窗口，将项目命名为 Flask_test，如图 12-2 所示。

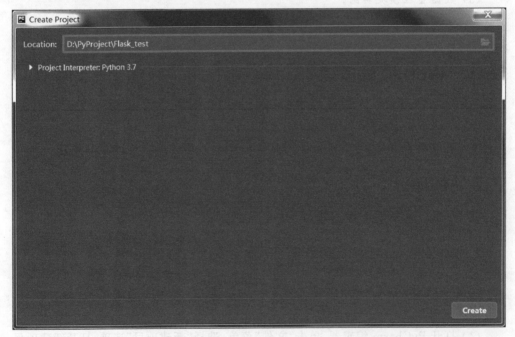

图 12-2　将项目命名为 Flask_test

　　(3) 在新建项目窗口,单击 Create 按钮,完成项目创建,如图 12-3 所示。

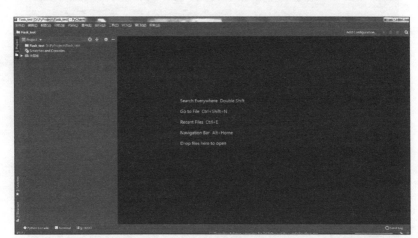

图 12-3　　完成创建项目

　　(4) 打开 PyCharm 编辑器,新建项目,单击"文件"菜单,选择"设置"选项,打开 Settings 窗口,如图 12-4 所示。

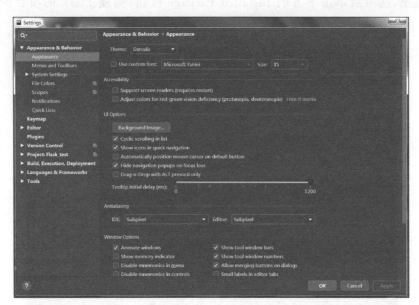

图 12-4　Settings 窗口

　　(5) 在 Settings 窗口的"Project:Flask_test"下选择 Project Interpreter 选项,打开编译环境设置窗口,如图 12-5 所示。

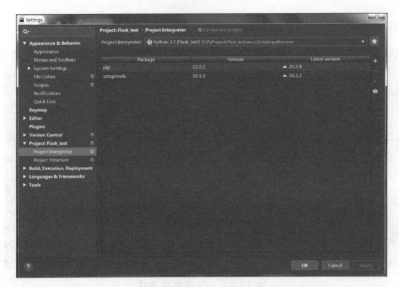

图 12-5　编译环境设置窗口(一)

(6) 在编译环境设置窗口,单击右侧的"+"按钮,在包(Package)选择区域添加 Flask 框架,选中后单击下方的 Installed Package 按钮,完成 Flask 的项目配置,如图 12-6 所示。

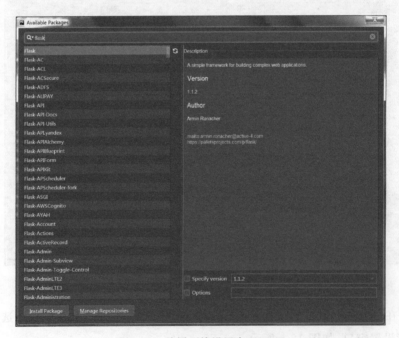

图 12-6　编译环境设置窗口(二)

12.2　创建 Flask 访问程序

Web 项目的创建完成之后，就要进行 Flask 访问程序编写。以下实验以 Python 程序为例。

1. 实验目标

编写 Flask 访问程序文件 manage.py 的代码，运行代码并访问 Flask 的首页。

2. 操作步骤

访问 Flask。

操作步骤如下：

(1) 右击项目名称，选择"新建"→Python File 命令，新建.py 文件，如图 12-7 所示。

图 12-7　新建代码文件

（2）在代码编辑窗口，新建 manage.py 文件。

在代码编辑窗口，输入如下 Python 代码：

```python
from flask import Flask
app = Flask(__name__)


@app.route('/')
def index():
    return 'Easy MySQL'


if __name__ == '__main__':
    app.debug = True
    app.run()
```

代码编辑窗口如图 12-8 所示。

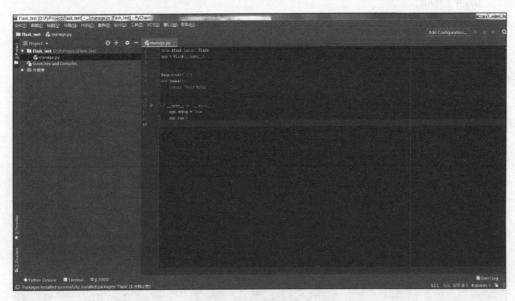

图 12-8　代码编辑

（3）在代码编辑窗口右击，选择"Run 'manage.py'"选项，运行项目 Flask_test，如图 12-9 所示。

（4）在 Terminal 选项卡中，单击输出的网址链接"127.0.0.1:5000"，打开默认浏览器，访问 Flask 项目首页。

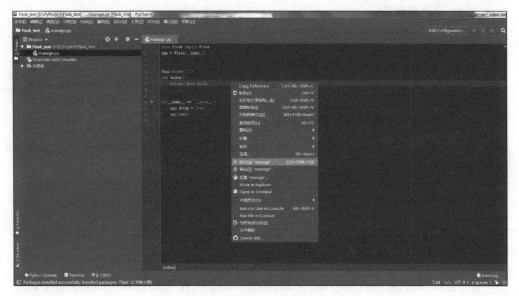

图 12-9　运行程序

12.3　数据管理模块实例

在 PyCharm 项目中新建项目 XinHuaMIS,以 MVC(Model-View-Controller)模式进行应用程序的分层开发,要对以下内容进行定义。

(1) Model(模型)层:是一个存取数据的对象,在数据变化时更新控制器。

(2) View(视图)层:包含的是数据的可视化。

(3) Controller(控制器)层:作用于模型和视图上,它控制数据流向模型对象,并在数据变化时更新视图,它使视图与模型分离开。

上述 3 层的整体控制工作,构成了所谓 MVC 模式程序开发的方法,采用这种方法首先要搭建 Flask 工程。

在 MVC 中,用户在 View 层的 Web 页面上操作,发出的请求首先通过 URL 映射到相应的 Controller 层的方法中,然后由 Controller 层进行业务逻辑的分发和处理,当需要使用数据库中的数据时,Controller 层的方法从 Model 层中取数据,Controller 层获取数据,处理完成业务后,将处理的结果返回给对应的 View 层,通过浏览器渲染出

Web 页面,供用户使用。

MVC 模式的完整工作模式如图 12-10 所示。

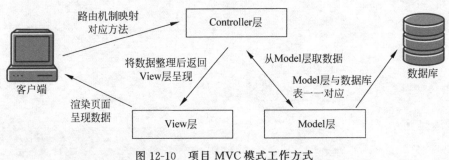

图 12-10　项目 MVC 模式工作方式

1. 实验目标

基于数据库实例 XinHua_GaussDB,搭建 Flask 工程 XinHuaMIS,实现学生信息管理模块的主要功能,包括学生信息的查询、添加和修改以及删除等操作。

主要功能界面如图 12-11 所示。

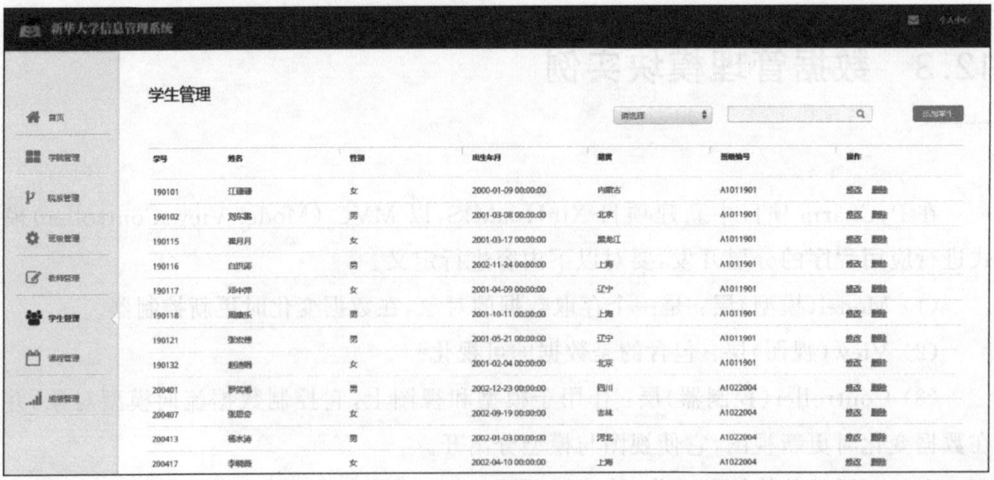

图 12-11　主要功能界面

通过 Web 项目的搭建方法和访问程序的编写方法,开发新华大学学生信息管理系统的学生信息管理模块。

2. 操作步骤

数据管理模块开发。

操作步骤如下:

(1) 打开 PyCharm 编辑器,在菜单栏选择文件→New Project 选项,打开新建项目窗口,将项目命名为 XinHuaMIS,如图 12-12 所示。

图 12-12　新建项目窗口

(2) 在新建项目窗口,单击 Create 按钮,完成项目创建,按照 Flask 安装的方式,为项目添加 Flask 配套的程序包和需要的程序包,如图 12-13 所示。

(3) 建立项目结构,其中 App 文件夹中为 Python 的主要代码,static 文件夹用于存放 Web 项目前端文件中使用的 CSS 样式、JS 框架文件、字体文件和图片等,templates 文件夹用于存放前端页面文件,如图 12-14 所示。

(4) 配置 GaussDB(for MySQL)的数据库连接代码步骤如下:

右击项目名称 XinHuaMIS,选择 New→Python File 选项,新建 settings. py 文件,设置项目中的数据库连接的配置,打开代码编辑窗口,代码如下:

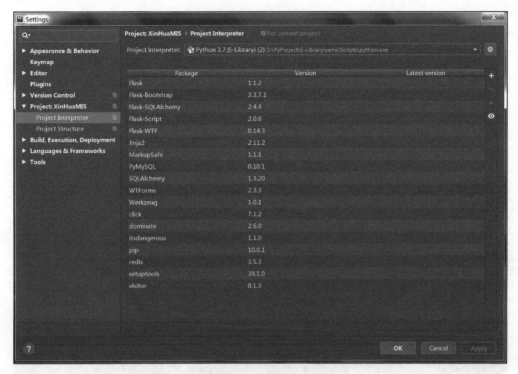

图 12-13　包配置目录

图 12-14　项目目录

```
import redis

def get_db_uri(dbinfo):
```

```
    ENGINE = dbinfo.get('ENGINE')
    DRIVER = dbinfo.get('DRIVER')
    USER = dbinfo.get('USER')
    PASSWORD = dbinfo.get('PASSWORD')
    HOST = dbinfo.get('HOST')
    PORT = dbinfo.get('PORT')
    NAME = dbinfo.get('NAME')
    return "{} + {}://{}:{}@{}:{}/{}".format(ENGINE, DRIVER, USER, PASSWORD, HOST,
PORT, NAME)


class DevelopConfig:
    Debug = True

    DATABASE = {
        'ENGINE': 'mysql',
        'DRIVER': 'pymysql',
        'USER': 'root',
        'PASSWORD': '123123',
        'HOST': '121.36.219.177',
        'PORT': '3306',
        'NAME': 'xinhua_guassdb'
    }
    SQLALCHEMY_DATABASE_URI = get_db_uri(DATABASE)
    SQLALCHEMY_TRACK_MODIFICATIONS = False
    SECRET_KEY = 'secret_key'
    SESSION_TYPE = 'redis'
    SESSION_REDIS = redis.Redis(host = '127.0.0.1', port = 6379)
```

（5）用相同的方法创建 Model 层文件 models. py，用于定义数据库 XinHua_ GaussDB 中学生表 Student 的属性，代码如下：

```
from App.ext import db

class Student(db.Model):
    __tablename__ = 'student'

    student_id = db.Column(db.String(6), primary_key = True)
    student_name = db.Column(db.String(6), unique = True)
    gender = db.Column(db.String(2))
    birth = db.Column(db.DateTime)
    birthplace = db.Column(db.String(50))
    class_id = db.Column(db.String(8), unique = True)
```

（6）用相同的方法创建 Controller 层文件 views. py,主要处理前后端交互的业务，例如在学生信息查询中,首先需要获取学生编号,然后访问数据库查询到学生的全部字段信息,再将字段信息传递到前台页面显示,列表查询、添加和删除学生的代码如下：

```python
from flask import Blueprint, request, render_template, session, redirect, url_for
from App.Models import Student, User, Department, School, Teacher, Score, Class, Course, Assignment
from App.ext import db
blue = Blueprint('blueprint', __name__)


@blue.route('/student')
def student_list():
    # 学生列表
    if request.method == 'GET':
        students = Student.query.order_by('student_id')
        return render_template('student.html', stus = students)


@blue.route('/student_delete')
def student_delete():
    # 删除学生
    student_id = request.args.get('student_id')
    if request.method == 'GET':
        student = Student.query.filter_by(id = student_id).first()
        db.session.delete(student)
        db.session.commit()
        students = Student.query.order_by('student_id')
        return render_template('student.html', stus = students)


@blue.route('/student_add', methods = ['GET', 'POST'])
def student_add():
    # 添加学生
    if request.method == 'GET':
        return render_template('student_add.html')
    if request.method == 'POST':
        student = Student()
        student.id = request.form.get('student_id')
        student.name = request.form.get('student_name')
        student.gender = request.form.get('gender')
        student.birth = request.form.get('birth')
        student.birthplace = request.form.get('birthplace')
```

```
        student.class_id = request.form.get('class_id')
        db.session.add(student)
        db.session.commit()

    return render_template('student_add.html', msg = '添加成功')
```

（7）用相同的方法创建 View 层文件 student.html,这里主要进行学生数据和功能按钮的显示,代码如下:

```html
<!DOCTYPE html>
<html>
<head>
    <title>新华大学信息管理系统</title>
    <meta name = "viewport" content = "width = device - width, initial - scale = 1.0" />
    <!-- bootstrap -->
    <link href = "/static/css/bootstrap/bootstrap.css" rel = "stylesheet" />
    <link href = "/static/css/bootstrap/bootstrap - responsive.css" rel = "stylesheet" />
    <link href = "/static/css/bootstrap/bootstrap - overrides.css" type = "text/css" rel
= "stylesheet" />

    <!-- global styles -->
    <link rel = "stylesheet" type = "text/css" href = "/static/css/layout.css" />
    <link rel = "stylesheet" type = "text/css" href = "/static/css/elements.css" />
    <link rel = "stylesheet" type = "text/css" href = "/static/css/icons.css" />

    <!-- libraries -->
     <link href = "/static/css/lib/font - awesome.css" type = "text/css" rel =
"stylesheet"/>
    <!-- this page specific styles -->
    <link rel = "stylesheet" href = "/static/css/compiled/tables.css" type = "text/css"
media = "screen" />

<meta http - equiv = "Content - Type" content = "text/html; charset = utf - 8" /></head>
<body>

    <!-- navbar -->
    <div class = "navbar navbar - inverse">
        <div class = "navbar - inner">
            <button type = "button" class = "btn btn - navbar visible - phone" id = "menu
- toggler">
                <span class = "icon - bar"></span>
                <span class = "icon - bar"></span>
```

```html
                    < span class = "icon - bar"></span>
            </button>

                < a class = "brand" href = "index.html"><img src = "/static/img/xinhua -
logo. png" /></a>

                < ul class = "nav pull - right">
                    < li class = "notification - dropdown hidden - phone">
                        < a href = "#" class = "trigger">
                            < i class = "icon - envelope - alt"></i>
                        </a>
                        < div class = "pop - dialog">
                            < div class = "pointer right">
                                < div class = "arrow"></div>
                                < div class = "arrow_border"></div>
                            </div>
                        </div>
                    </li>
                    < li class = "dropdown">
                        < a href = "#" class = "dropdown - toggle hidden - phone" data -
toggle = "dropdown">
                            个人中心
                        </a>
                    </li>
                </ul>
        </div>
    </div>
    <!-- end navbar -->

    <!-- sidebar -->
    < div id = "sidebar - nav">
        < ul id = "dashboard - menu">
            < li >
                < a href = "/home">
                    < i class = "icon - home"></i>
                    < span >首页</span>
                </a>
            </li>
            < li >
                < a href = "/school">
                    < i class = "icon - th - large"></i>
                    < span >学院管理</span>
                </a>
            </li>
```

```html
<li>
        <a class="dropdown-toggle ui-elements" href="/department">
            <i class="icon-code-fork"></i>
            <span>   院系管理</span>
        </a>
    </li>
<li>
        <a href="/class">
            <i class="icon-cog"></i>
            <span>班级管理</span>
        </a>
    </li>
<li>
        <a class="dropdown-toggle" href="/teacher">
            <i class="icon-edit"></i>
            <span>教师管理</span>
        </a>
    </li>
<li class="active">
        <a class="dropdown-toggle" href="/student">
            <div class="pointer">
                <div class="arrow"></div>
                <div class="arrow_border"></div>
            </div>

            <i class="icon-group"></i>
            <span>学生管理</span>
        </a>
    </li>
<li>
        <a href="/course">
            <i class="icon-calendar-empty"></i>
            <span>课程管理</span>
        </a>
    </li>
<li>
        <a href="/score">
            <i class="icon-signal"></i>
            <span>成绩管理</span>
        </a>
    </li>
</ul>
</div>
<!-- end sidebar -->
```

```
<!-- main container -->
 < div class = "content">


    < div class = "container - fluid">
        < div id = "pad - wrapper">


            <!-- 学生 table -->
            <!-- the script for the toggle all checkboxes from header is located in
            js/theme. js -->
            < div class = "table - wrapper products - table section">
                < div class = "row - fluid head">
                    < div class = " span12">
                        < h3 >学生管理</ h3>
                    </ div>
                </ div>

                < div class = "row - fluid filter - block">
                    < div class = "pull - right">
                        < div class = "ui - select">
                            < select >
                                < option />请选择
                                < option />学号
                                < option />学生姓名
                            </ select >
                        </ div>
                        < input type = "text" class = "search" />
                        < a href = "/student_add" class = "btn - flat success new -
product" >添加学生</ a>
                    </ div>
                </ div>
                < div class = "row - fluid">
                    < table class = "table table - hover">
                        < thead >
                            < tr >
                                < th class = "span2">
                                    学号
                                </ th>
                                < th class = "span3">
                                    姓名
                                </ th>
                                < th class = "span3">
                                    < span class = "line"></ span >
                                    性别
```

```html
            </th>
                <th class = "span3">
                    <span class = "line"></span>
                出生年月
            </th>
                <th class = "span3">
                    <span class = "line"></span>
                籍贯
            </th>
                <th class = "span3">
                    <span class = "line"></span>
                班级编号
            </th>
            <th class = "span3">
                    <span class = "line"></span>
                操作
            </th>
            </tr>
        </thead>
        <tbody>
            <!-- row -->
            {% for student in stus %}
                <tr>
                    <td>{{student.student_id}}</td>
                    <td>{{student.student_name}}</td>
                    <td>{{student.gender}}</td>
                    <td>{{student.birth}}</td>
                    <td>{{student.birthplace}}</td>
                    <td>{{student.class_id}}</td>
                    <td><a href = "student_update?student_id =
{{student.student_id}}">修改</a>  
                            <a href = "student_delete?student_id =
{{student.student_id}}">删除</a></td>
                </tr>
                {% endfor %}
            </tbody>
        </table>
    </div>
    </div>

    <!-- end products table -->

    </div>
    </div>
```

201

```html
    </div>
    <!-- end main container -->

    <!-- scripts -->
    <script src = "http://code.jquery.com/jquery-latest.js"></script>
    <script src = "js/bootstrap.min.js"></script>
    <script src = "js/theme.js"></script>

</body>
</html>
```

（8）在 PyCharm 底部的控制台中输入运行程序的命令：

python manage.py runserver -r -d

运行结果如图 12-15 所示。

图 12-15　运行结果(1)

（9）打开浏览器，访问网址 http://127.0.0.1:5000/student，访问结果如图 12-16 所示。

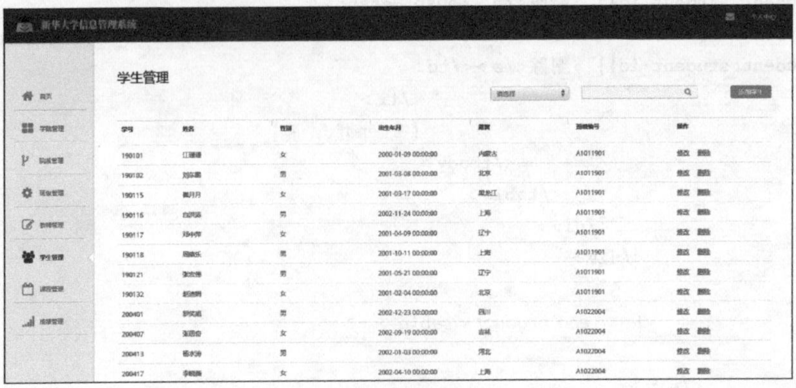

图 12-16　运行结果(2)

第 13 章

习 题

本章习题是按主教材各章节的内容编写的,以帮助消化和理解课程教学内容,以及创造性学习数据库相关的理论知识和应用技术。

13.1 走进 GaussDB

1. 思考题

(1) 信息和数据有什么区别?

(2) 试述什么是数据库。

(3) 试述数据库在数据库系统中的作用。

(4) 数据库管理系统的功能是什么?

(5) 数据库应用系统的主要组成部分是什么?

(6) 简述 GaussDB(for MySQL)的特点。

(7) 简述 GaussDB(for MySQL)的系统架构。

(8) 简述 GaussDB(for MySQL)抽象存储的优点。

2. 判断题

(1) 在信息社会中,信息一般可与物质或能量相提并论,它是一种重要的资源。

(2) 数据的语义是通过数据的值来唯一定义。

(3) 数据库系统是实现有组织、动态地存储大量相关的结构化数据、方便各类用户访问数据库的计算机软件资源的集合。

(4) GaussDB(openGauss)是全球首款支持 Kunpeng 硬件架构的全自主研发企业级 OLAP 数据库。

（5）GaussDB 数据库家族，总体可以分为关系型数据库和非关系型数据库。

3. 填空题

（1）信息可定义为人们对于客观事物_____的反映。

（2）所谓数据库，是以一定的组织方式将相关的数据组织在一起的，_____，可为多个用户共享的，与应用程序彼此独立、统一管理的数据集合。

（3）_____是对数据库中全部数据的逻辑结构和特征的总体描述，是所有用户的公共数据视图。

（4）GaussDB(for MySQL)就是一款国内自主研发的_____软件。

（5）GaussDB(for MySQL)将数据库系统分为_____，让每一层都承担部分数据库功能。

4. 单选题

（1）GaussDB(for MySQL)数据库管理系统创建的数据库属于下面哪种数据模型？（   ）

    A. 层次   B. 网状   C. 关系   D. 对象

（2）数据库的性质是由（   ）决定的。

    A. 结构模型   B. 数据模型   C. 实物模型   D. 概念模型

（3）（   ）是国内自主研发的数据库管理系统软件。

    A. MySQL   B. ACCESS   C. GaussDB   D. Oracle

（4）以下哪个选项不是 GaussDB(for MySQL)的特点？（   ）

    A. 超高性能   B. 高可靠性   C. 易开发   D. 兼容性弱

5. 多选题

（1）数据库的特征有如下哪些特征？（   ）

    A. 数据按一定的数据模型组织、描述和存储

    B. 可为多用户共享

    C. 冗余度较小

    D. 数据独立性不高

（2）以下哪些选项是 GaussDB(for MySQL)的核心技术？（   ）

    A. 100%兼容开源 MySQL 生态

B. 跨 AZ 部署高可用

C. 弹性扩展

D. 深度优化数据库内核

13.2 关系数据库

1. 思考题

(1) 关系模型的主要特点是什么？

(2) 关系模型有哪些完整性约束？

(3) 试述什么是函数依赖。

(4) 试述 3NF 规范原则。

(5) 试述并、交、差和笛卡儿积的定义。

(6) 并、交、差和笛卡儿积哪个运算是一元运算？

(7) 试述投影、选择、连接和除的定义。

(8) 简述投影运算的含义。

(9) 简述选择运算的含义。

(10) 简述连接运算的各种类型。

2. 判断题

(1) 概念模型是一种独立于计算机系统的数据模型，只是用来描绘某个特定环境下，特定系统中，特定需求对象所关心的客观存在的信息结构。

(2) 设有实体集 A 与实体集 B，如果 A 中的 1 个实体，至多与 B 中的 1 个实体关联；反过来，B 中的 1 个实体至多与 A 中的 1 个实体关联，则称实体集 A 与实体集 B 是一对多联系类型。

(3) 函数依赖是关系规范化的主要概念，描述了属性之间的一种联系。

(4) 连接是根据给定的条件，从两个已知关系 R 和 S 的笛卡儿积中，选取满足连接条件（属性之间）的若干元组组成新的关系。

(5) 数据结构是用来描述现实系统中数据的静态特性的，它只需要描述客观存在的实体本身属性,不需要描述实体间的联系。

3. 填空题

(1) 如果关系 R 中某个属性或属性集是_____,那么该属性或属性集是 R 的外码。

(2) 对关系模式进行分解,要符合"无损连接"和"_____"的原则。

(3) 如果一个关系没有经过规范化,则可能会出现数据冗余大、数据更新不一致、数据插入异常和_____。

(4) 投影是选择关系 R 中的若干属性组成新的关系,并去掉了重复元组,是对_____进行筛选。

(5) 如果一个关系模式 R(U)的所有属性都是_____,则称 R(U)为第一范式。

4. 单选题

(1) 不是数据的转换过程 3 个数据范畴内容是(   )。

    A. 虚幻世界   B. 现实世界   C. 信息世界   D. 计算机世界

(2) 元组的集合在关系数据库中称为关系,一般来说,表示元组的属性或者最小属性组称为(   )。

    A. 标记   B. 主键   C. 字段   D. 索引

(3) 在关系运算中,从关系中选出满足某种条件的元组的操作称为(   )。

    A. 连接   B. 投影   C. 选择   D. 扫描

(4) 有关系的 R 和 S,R∩S 的运算等价于(   )。

    A. (R−S)∩S   B. R−(R−S)

    C. R∪(R−S)   D. S−(R−S)

5. 多选题

(1) 描述概念模型的相关术语有(   )。

    A. 实体   B. 属性   C. 码   D. 实体型

(2) 关系模型有哪几种关系完整性约束?(   )

    A. 实体完整性   B. 参照完整性

    C. 数据完整性   D. 用户自定义完整

13.3　数据库设计和建模

1. 思考题

(1) 简述数据库设计的步骤。

(2) 需求分析阶段的主要工作是什么？

(3) 简述数据库概念结构的设计方法。

(4) 简述数据库逻辑结构的设计方法。

(5) 简述数据库物理结构的设计方法。

(6) 数据库实施阶段的主要工作是什么？

(7) 数据库对象有哪些？

(8) 解释概念结构、逻辑结构和物理结构三者间的关系。

2. 判断题

(1) 在数据库设计生命周期中,各阶段的任务目标和设计工作过程不尽相同,但彼此是相互依赖和参照递进的。

(2) 设计关系、索引等数据库文件的物理存储结构,不需要注意存取时间、空间效率和维护代价间的平衡。

(3) 需求分析阶段要通过详细调查,深入了解需要解决的问题,了解用户对象给出的数据的性质及其存在状态和使用情况。

(4) 逻辑结构设计阶段工作过程较为简单,它的设计结果不是由"概念结构"确定的。

(5) 并不是规范化程度越高的关系越好,一般说来,第三范式就足够了。

3. 填空题

(1) 需求分析阶段是数据库设计的基础,是数据库设计的_____阶段。

(2) 概念模型独立于特定的数据库管理系统,也独立于数据库逻辑模型,还独立于计算机和_____。

（3）两个局部 E-R 模式合并时，常常会出现_____和结构冲突。

（4）将概念模型转换成逻辑模型，通常是将一个实体对应转换成_____。

（5）物理结构设计阶段目标是为逻辑数据结构选取一个最适合应用环境的物理结构，包括_____等。

4. 单选题

（1）以下哪个选项不是数据库设计阶段的工作？（　　）

    A. 概念结构设计　　　　　　B. 逻辑结构设计

    C. 物理结构设计　　　　　　D. 收集数据

（2）不是局部概念结构设计的内容的是（　　）。

    A. 设计实体及属性　　　　　B. 抽象实体集

    C. 设计 DML　　　　　　　　D. 设计实体码

（3）概念结构转换逻辑结构时，哪个不能转成一个关系？（　　）

    A. 一对一联系的两端实体　　B. 多对多联系的多端实体

    C. 一对多联系的一端实体　　D. 一个联系属性

（4）不是逻辑结构设计的工作任务是（　　）。

    A. 选定 DBMS

    B. 将概念模式转换 DBMS 支持的数据模型

    C. 绘制 E-R 图

    D. 利用规范化原则优化关系模式

5. 多选题

（1）进行概念结构设计时，一般采用哪些策略？（　　）

    A. 自顶向下　　　　　　　　B. 自底向上

    C. 由内向外　　　　　　　　D. 混合策略

（2）关系模式的优化方法中要考虑的主要内容有（　　）。

    A. 确定数据依赖　　　　　　B. 消除冗余的联系

    C. 满足 3NF 规则　　　　　　D. 数据处理时的操作

13.4　数据库预备知识

1. 思考题

(1) 有几种常用数据类型?

(2) 有几种常用函数?

(3) 简述日期型数据和日期时间型数据的区别。

(4) 简述日期函数的作用。

(5) 简述逻辑运算和比较运算结果的异同。

2. 判断题

(1) 整数存储所需的字节数是不同的,占用字节数最小的是 SMALLINT 类型。

(2) 定点数的存储空间大小是由其精度决定的。

(3) 查看当前数据库名的函数是 DATABASE()。

(4) 文本类型用来存储字符数据,不可以存储图片和声音的二进制数据。

(5) 查看当前数据库名的函数是 DATABASE()。

3. 填空题

(1) 变长字符串 VARCHAR(M) 是长度可变的字符串,M 表示_____,M 的范围是 0~65 535。

(2) 比较运算符的值只能是_____。

(3) SELECT　LENGTH('GaussDB(for MySQL)'),LENGTH('云数据库'),其值是_____。

(4) SELECT SUBSTRING('GaussDB(for MySQL)',1,7),其值是_____。

(5) SELECT MONTHNAME('2021-10-10 00:00:00'),其值是_____。

4. 单选题

(1) 执行 SELECT LENGTH('云数据库 GaussDB')命令,其值是(　　)。

    A. 11   B. 19   C. 15   D. 21

(2) 以下选项中不属于文本类型数据的是（　　）。

    A. TINYTEXT   B. MEDIUMTEXT

    C. LONGTEXT   D. TIMESTAMP

(3) 以下选项中哪个结果取值为负数？（　　）

    A. SELECT 10＋9＊8   B. SELECT 10＞9＋8

    C. SELECT10－9＊8   D. SELECT10＞9 AND 8

(4) 以下选项哪个结果取值为1？（　　）

    A. SELECT 2021 MOD 2020

    B. SELECT 2020＞＝2021

    C. SELECT NOT 2020

    D. SELECT 2020＜＝＞2021

5. 多选题

(1) 以下选项哪些是日期函数？（　　）

    A. CURDATE()   B. MONTH()

    C. CONCAT()   D. DAYOFYEAR()

(2) 以下选项函数名和功能对应正确的有（　　）。

    A. IFNULL 的功能：判断是否为空

    B. INET_ATON 的功能：返回 IP 地址的数字表示

    C. FLOOR 的功能：向下取整，返回值转化为一个 BIGINT

    D. POWER 的功能：所传参数的次方的结果值

13.5　SQL

1. 思考题

(1) 简述 SQL 的特点。

(2) 简述 SQL 的功能。

（3）SQL 语句能完成哪些操作？

（4）SQL 有几类？

（5）SQL 语句能定义哪些数据库对象？

2. 判断题

（1）SQL 采用集合操作方式，无论是查询操作，还是插入、删除、更新操作的对象，都可实现面向集合的操作方式。

（2）若 UPDATE 命令省略了 WHERE 短语，则是对所有记录进行操作。

（3）数据库表创建完成后就不可以修改表结构。

（4）一个数据库是由多个数据库表构成的，在定义了数据库所有的数据库表的结构后，事实上就完成了数据库结构的定义。

（5）CREATE DATABASE 是删除数据库的命令。

3. 填空题

（1）利用 INSERT 命令插入数据，字段的顺序可与表定义中的_____。

（2）SQL 是集数据操作、_____和数据控制功能于一体的语言。

（3）SQL 数据控制包括对基本表和视图的_____，完整性规则定义和更新的描述，以及事务控制语句等。

（4）两个关系代数式获得的结果完全相同，但是它们的_____却可能有很大的差异，这就构是查询优化的基础。

（5）数据定义语言(DDL)是用于定义_____的语言。

4. 单选题

（1）以下哪个是创建索引的 SQL 语句？（   ）

    A. CREATE TABLE   B. CREATE VIEW

    C. CREATE UNIQUE KEY   D. CREATE DATABASE

（2）以下哪个数据库对象不能用 DROP 命令进行删除？（   ）

    A. 数据库   B. 数据   C. 表结构   D. 视图

（3）以下哪个操作与完整性定义无关？（   ）

    A. UNIQUE   B. CREATE VIEW

    C. PRIMARY KEY   D. FOREIGN KEY

(4) 以下哪个选项不属于数据定义的操作命令？（　　）

    A. REVOKE   B. DROP   C. CREATE   D. ALTER

5. 多选题

(1) 以下选项中属于 SQL 的特点的有（　　）。

    A. 语言功能的一体化

    B. 非过程化

    C. 采用面向集合的操作方式

    D. 语言结构简洁、易学

(2) 以下哪些选项中的 SQL 语句是正确的？（　　）

    A. CREATE DATABASE E_database

    B. SHOW INDEX FROM E_table

    C. CREATE INDEX index_name

    D. DROP INDEX index_name

13.6　数据库

1. 思考题

(1) 什么是云数据库？

(2) 常用的数据引擎有哪些？

(3) 如何创建数据库？

(4) 简述维护数据库的工作内容。

(5) 怎样定义数据库模式？

2. 判断题

(1) 同构分布式数据库系统，所有站点都使用相同的数据库管理系统软件。

(2) 分布式数据库众多节点之间通信不会花费大量时间。

(3) GaussDB(for MySQL)就是部署在"华为云"上的一款数据库管理系统软件。

（4）MEMORY 是一类特殊的存储引擎，用于提供内存中的表，可以比在磁盘上存储数据更快地实现访问。

（5）Archive 存储引擎只支持 INSERT 和 SELECT 操作；用于存储大量数据，也支持索引。

3. 填空题

（1）操作系统、数据库管理系统与数据库紧密耦合，构成了＿＿＿＿＿数据库系统。

（2）云数据库系统将数据库系统分为计算层和＿＿＿＿＿，让每一层都承担部分数据库功能，并解决问题。

（3）数据库若有损坏，或数据库不再使用，或数据库不能运行，则需要对这些数据库进行＿＿＿＿＿操作。

（4）在 GaussDB(for MySQL)管理控制台中，执行＿＿＿＿＿，可以打开数据库。

（5）在 GaussDB(for MySQL)管理控制台中，执行 DROP 命令，可以＿＿＿＿＿。

4. 单选题

（1）在数据库应用中，下面数据库结构适合校园信息化管理的数据库应用系统是（　　）。

    A. 集中式结构　　　　　　　　　　B. 客户/服务器结构

    C. 分布式结构　　　　　　　　　　D. 以上结构都可以

（2）以下选项中正确的数据库创建命令是（　　）。

    A. CREATE DATABASE database_name

    B. CREATE INDEX database_name

    C. CREATE TABLE database_name

    D. CREATE TRIGGER database_name

（3）以下选项中，不是 MyISAM 存储引擎存储格式的是（　　）。

    A. 静态型　　　　　B. 离散型　　　　　C. 压缩型　　　　　D. 动态型

（4）以下删除数据库的命令是（　　）。

    A. USE database_name

    B. CREATE DATABASE database_name

    C. ALTER DATABASE database_name

    D. DROP DATABASE database_name

5. 多选题

(1) 常用的数据库系统种类有(　　　)。

　　A. 分布式数据库系统　　　　　　　　B. 集中式数据库系统

　　C. 云数据库系统　　　　　　　　　　D. 网格式数据库系统

(2) 以下选项中属于 InnoDB 存储引擎支持的有(　　　)。

　　A. 支持存储限制　　　　　　　　　　B. 支持事务管理

　　C. 支持全文索引　　　　　　　　　　D. 支持外键

13.7　文件组织与索引

1. 思考题

(1) 什么是文件组织?

(2) 简述索引的创建原则。

(3) 索引有哪些类型?

(4) 总结创建索引几种方式。

(5) 删除索引有几种方法?

2. 判断题

(1) 一般情况下,数据库表中记录的顺序是由数据输入的前后顺序决定的,并用记录号予以标识。

(2) 所谓文件组织,就是当文件存储在磁盘上时,组织文件中的记录使用的方法。

(3) 唯一索引所对应索引列的值必须是唯一的,不允许有空值。

(4) 索引是在磁盘上组织数据记录的一种数据结构,它用于优化某类数据检索的操作。

(5) 全文索引主要用来查找文本中的关键字,同时直接与索引中的值相比较。

3．填空题

（1）在数据库系统中，常用的提高_____性能的技术还有索引技术。

（2）普通索引是基本索引类型，允许在定义索引的列中插入_____和空值。

（3）索引分为_____、非聚簇索引和普通索引、唯一索引等类型。

（4）主索引是一种特殊的唯一索引，不允许有_____。

（5）组合索引指以表的多个字段组合共同创建的索引，只有在查询条件中_____相同时，其他索引字段才会被使用。

4．单选题

（1）以下创建索引的命令是（　　　）

    A．SHOW INDEX　　　　　　　　B．CREATE INDEX

    C．DROP INDEX　　　　　　　　　D．CREATE VIEW

（2）创建索引取决于数据库表中的数据量，哪种情况不适合创建索引？（　　　）

    A．数据少，经常更新

    B．数量多，一个记录字段个数多

    C．查询频度高

    D．多表联合查询

（3）不能创建 FULLTEXT 索引的字段属性是（　　　）。

    A．char　　　　　　B．varchar　　　　　　C．text　　　　　　D．int

（4）以 School_id 创建主索引，正确的子句是（　　　）。

    A．School_id NULL

    B．School_id NOT NULL

    C．PRIMARY KEY（'School_id'）

    D．INDEX School_id

5．多选题

（1）尽量避免使用索引的情形是包括（　　　）。

    A．包含太多重复值的字段

    B．值特别长的字段

    C．具有很多 NULL 值的字段

D. 查询中很少被引用的字段

(2) 以下选项中属于 InnoDB 存储引擎支持的有(　　)。

　　A. 存储限制　　　　　　　　　B. 事务管理

　　C. 全文索引　　　　　　　　　D. 外键

13.8　表与视图

1. 思考题

(1) 试述数据库表的特征。

(2) 如何定义数据库表?

(3) 维护数据库表都有哪些操作?

(4) 什么是视图?

(5) 试述视图的特性。

(6) 简述视图的作用。

(7) 试述视图与数据库表的异同。

(8) 试述使用视图对数据文件表进行维护的益处。

2. 判断题

(1) 表是按数据关系存储数据,汇集构成数据库的数据源。

(2) 创建表事实上是对表结构进行定义和数据的输入。

(3) 对表进行操作,一是进行表定义及维护的操作,二是进行表中数据输入和数据维护的操作。

(4) 视图可以是一个数据表的一部分,也可以是多个基表的联合组成的新的数据集合。

(5) 数据库表与视图两个数据库对象,两者的定义是相同的。

3. 填空题

(1) 视图是一种数据库对象,是从若干个_____中按照一个查询的规定抽取的数据组成的"表"。

（2）创建表时,要想为表中插入的新记录自动生成唯一的 ID,可以使用_____约束来实现。

（3）使用好视图,对机密数据提供_____。

（4）利用视图更新数据,可以保证表中_____不会被破坏。

（5）视图是外模式,它是从一个或几个表_____中派生出来的,它依赖于数据源,不能独立存在。

4. 单选题

（1）使用以下哪个操作命令可以创建数据库表?（   ）

  A. CREATE TABLE

  B. DESCRIBE

  C. CREATE DATABASE

  D. CREATE VIEW

（2）以下选项中,（   ）不是对视图中数据操作命令。

  A. INSERT INTO < view_name >

  B. UPDATE < view_name >

  C. CREATE VIEW < view_name >

  D. DELETE FROM < view_name >

（3）以下选项中表述不正确的是（   ）。

  A. 视图具有表的外观

  B. 表中数据发生变化时,视图中的数据不变

  C. 视图使多个用户能以多种角度看待同一数据集

  D. 视图可以定制不同用户对数据的访问权限

（4）以下选项中用于创建视图结构的命令是（   ）。

  A. CREATE DATABASE database_name

  B. DESCRIBE view_name

  C. CREATE TABLE table_name

  D. CREATE VIEW view_name AS SELECT ＊ FROM school

5. 多选题

（1）以下选项中,（   ）属于视图结构的操作命令。

  A. UPDATE＜view_name＞

  B. ALTER VIEW ＜view_name＞

  C. DROP VIEW ＜view_name＞

  D. CREATE VIEW＜view_name＞

(2) 以下选项中,( )属于视图的特性。

  A. 不占据数据存取的物理存储空间

  B. 是表(或视图)中派生出来的

  C. 可以隐蔽数据结构的复杂性

  D. 对机密数据提供安全保障

13.9 数据查询

1. 思考题

(1) 试述 SELECT 语句的功能。

(2) 简述集函数种类。

(3) 简述简单查询与关系运算的对应关系。

(4) 简述多表查询与关系运算的对应关系。

(5) 试述子查询常用的子句。

(6) 试述查询优化措施。

2. 判断题

(1) ASC 短语表示查询结果按某一列值降序排列。

(2) WHERE 短语查询结果是表中满足指定条件的记录集。

(3) SQL 不允许由一系列简单查询构成嵌套结构。

(4) 查询优化器会综合考虑统计信息中的各种数据,从而得到一个比较好的执行方案。

(5) 如果一个 SQL 语句能够匹配一个语法规则,则可生成对应的抽象语法树。

3. 填空题

(1) 计算数值型列值的总和使用_____。

(2) 一个 SELECT …FROM…WHERE 语句会产生一个_____。

(3) 把内部的、被另一个查询语句调用的查询叫_____。

(4) 查询优化器随时都能根据数据的变化调整_____。

(5) 基于代价的查询优化,可以从待选路径中选择_____执行路径作为最终的执行计划。

4. 单选题

(1) (　　)不是 SELECT 语句中的短语。

    A. ORDER BY   B. WHERE

    C. HAVING   D. ALTER

(2) SELECT 语句,统计记录个数的集函数是(　　)。

    A. MAX([DISTINCT|ALL] <列名>)

    B. AVG([DISTINCT|ALL] <列名>)

    C. COUNT([DISTINCT|ALL] <列名>)

    D. SUM([DISTINCT|ALL] <列名>)

(3) (　　)不属于 SELECT 语句子查询中的谓词。

    A. IN   B. MIN   C. EXISTS   D. ANY

(4) 以下(　　)不是优化器的优化技术。

    A. 基于规则的查询优化   B. 基于代价的查询优化

    C. 基于机器学习的查询优化   D. 基于数据库模式

5. 多选题

(1) 查询语句词法分析包含的内容有(　　)。

    A. 关键字   B. 标识符   C. 操作符   D. 终结符

(2) 以下选项中属于重写技术的有(　　)。

    A. 常量表达式化简   B. 子查询优化

    C. 数据库表并联   D. 等价推理

13.10　数据库完整性

1．思考题

（1）什么是完整性约束？

（2）关系完整性具有哪些功能？

（3）简述定义用户自定义完整性方法。

（4）什么是视图？

（5）什么是触发器？

（6）试述触发器的主要优点。

（7）什么是存储过程？

（8）试述存储过程和触发器各自的特性。

2．判断题

（1）任何关系在任何时候都可以满足实体完整性的语义约束。

（2）若属性 K 是基本关系 R 的主码，则属性 K 不能取空值。

（3）在进行数据违规操作时，多有触发器控制提示用户禁止操作。

（4）插入元组或修改属性的值时，DBMS 不会检查属性上的约束条件是否被满足。

（5）存储过程是一组 SQL 语句和逻辑控制的集合，它是一个具有专门用途的程序。

3．填空题

（1）DBMS 如果发现用户的操作违背了_____，则采取一定的操作，以保证数据的完整性。

（2）触发器可以用于完整性约束、_____的完整性检查。

（3）无论对表中的数据进行何种增加、删除或更新，触发器都能对数据_____检查。

（4）用户定义的完整性就是针对某一具体应用的_____的语义要求。

（5）存储过程是一组完成特定功能的 SQL 语句集，经编译后存储在数据库中，通过_____的名称并给定参数来执行。

4. 单选题

（1）在用 CREATE TABLE 命令时，主键属性上的约束条件，不正确的是（   ）。

    A. 列值可以是任意值

    B. 列值非空（NOT NULL）

    C. 列值唯一（UNIQUE）

    D. 列值是满足一个布尔表达式（CHECK）

（2）以下哪个不是存储过程的缺点？（   ）

    A. 代码编辑环境差   B. 缺少兼容性

    C. 维护麻烦   D. 保障安全性和完整性

（3）以下与存储过程操作无关的命令是（   ）。

    A. CREATE PROC   B. CALL

    C. PROCEDURE   D. DROP PROCEDURE

（4）以下哪一选项，没能描述出触发器的主要优点？（   ）

    A. 激活触发器可对数据实施完整性检查

    B. 触发器多多益善

    C. 利用触发器可实现相关表级联更改

    D. 多个同类触发器允许响应同一个语句

5. 多选题

（1）常用的触发器有（   ）。

    A. INSERT 触发器   B. 数据库表触发器

    C. UPDATE 触发器   D. DELETE 触发器

（2）以下哪些是存储过程的优点？（   ）

    A. 灵活性强   B. 保证安全性和完整性

    C. 执行效率高   D. 降低网络通信量

13.11 数据库系统控制

1. 思考题

(1) 事务是什么?

(2) 试述事务的特性。

(3) 简述常见的故障。

(4) 简述常见的故障恢复技术。

(5) 什么是调度?

(6) 什么是封锁?

(7) 试述并发调度的可串行性。

(8) 简述数据库的安全机制。

2. 判断题

(1) 事务是构成单一逻辑工作单元的操作集合。

(2) 当数据库并发执行多个事务时,相应的调度一定是串行的。

(3) 当事务正常结束,成功完成所有操作称为提交。

(4) 数据一旦进行更新或存储,就必须是三备份,用于出现故障时进行数据恢复。

(5) 事务一个接一个地,从开始一直到结束,这样的调度称为串行调度。

3. 填空题

(1) 事务用户定义的一个数据库_____,是一个不可分割的工作单位。

(2) 读、写以及其他控制操作的一种执行顺序称为对这组事务的一个_____。

(3) 介质故障破坏的是磁盘上的部分或全部_____,甚至会破坏日志文件。

(4) 调度应该在某种意义上等价于一个_____,这种调度称为可串行化调度。

(5) 在多个事务并发执行的过程中,可能会存在某个有机会获得锁的事务却永远也没得到锁,这种现象称为_____。

4. 单选题

(1) 下列关于事务状态的描述中,错误的是(   )。

  A. 提交状态：最后一条语句成功执行完成后

  B. 中止状态：事务回滚并且数据库已经恢复到事务开始执行的状态后

  C. 活动初始状态：通常是事务的开始

  D. 异常中止状态：事务提交

（2）以下哪种现象不属于事务故障？（　　　）

  A. 输入数据有误

  B. 操作系统不作为

  C. 违反了某些完整性限制

  D. 某些应用程序出错

（3）以下选项哪个不是引发系统故障的常见原因？（　　　）

  A. 操作系统或 DBMS 代码错误

  B. 数据库完整性约束违规为中断

  C. 特定类型的硬件错误

  D. 系统操作员操作失误

（4）与封锁粒度无关的数据库对象是（　　　）。

  A. 元组   B. 属性值   C. 操作命令   D. 元组集合

5. 多选题

（1）并发控制技术是数据库管理系统的核心，用来解决的问题是（　　　）。

  A. 不可重复读   B. 丢失更新

  C. 读"脏"数据   D. 读取数据时间

（2）以下选项中属于事务性质的是（　　　）。

  A. 原子性   B. 一致性   C. 隔离性   D. 持久性

13.12　GaussDB（for MySQL）数据库管理系统

1. 思考题

（1）GaussDB（for MySQL）是什么？

（2）简述云环境的不同。

（3）试述页存储的机理。

（4）试述日志存储的机理。

（5）简述 GaussDB(for MySQL)写流程的步骤。

（6）简述 GaussDB(for MySQL)读流程的步骤。

（7）简述日志存储恢复的机理。

（8）简述页存储恢复的机理。

2．判断题

（1）GaussDB(for MySQL) 是一款云数据库管理系统,是华为自主研发的最新一代企业级高扩展海量存储分布式数据库,完全兼容 MySQL。

（2）数据库读/写机制要保证事务 ACID 特性,它的"好与坏"与 DBMS 的性能无关。

（3）日志存储是在存储层中执行的一个服务,负责存储日志记录。

（4）数据库日志和数据库页面的数据访问模式是一致的。

（5）GaussDB(DWS)提供数据节点双重 HA 保护机制,保障业务不中断。

3．填空题

（1）分布式数据库系统是网络互相连接,使物理上分布的各局部数据库,共同组成一个完整的、全局的逻辑视图,对于用户而言,相当于_____为其所用。

（2）GaussDB(for MySQL)实现了高可用性的复制和恢复方法,使其_____在不高于持久性要求下,不牺牲性能和强一致性保证。

（3）GaussDB 对日志和页面使用不同的复制机制和一致性保证,这种方法使得其同时实现了更高的_____、更低的存储成本和更好的性能。

（4）SAL 负责将日志记录写入 Log Store 和 Page Store,并从_____读取数据库页面。

（5）GaussDB 数据库采用了_____、可插拔架构,能够同时支持 OLTP、OLAP业务场景。

4．单选题

（1）（　　）不是 GaussDB(for MySQL)的特性。

    A. 通用性   B. 高性能   C. 高可用   D. 持久化

（2）不是云数据库的数据库系统服务基础设施的是（　　　）。

    A. 公有云　　　　B. 私有云　　　　C. 本地服务器　　　D. 混合云

（3）不是多模数据库系统数据的管理与处理内容是（　　　）。

    A. 多模数据的存储

    B. 多模数据的处理

    C. 多模数据之间的相关转换

    D. 多模数据收集

（4）（　　　）不属于 GaussDB 数据库管理系统体系架构的对象。

    A. 用户交互层　　　　　　　　　B. 分别是弹性的存储层

    C. 弹性的事务处理层　　　　　　D. SQL 执行层

5. 多选题

（1）以下哪些是 GaussDB 的特性？（　　　）

    A. SQL 优化、执行、存储分层解耦架构

    B. 基于 GTM 全局事务控制器

    C. 支持存储技术分离

    D. 可插拔存储引擎架构

（2）以下哪些是 GaussDB 主要功能模块？（　　　）

    A. 存储抽象层　　　　　　　　　B. 数据库前端

    C. 计算层　　　　　　　　　　　D. 存储层

13.13　数据库应用系统开发的一般方法

1. 思考题

（1）试述数据库应用系统总体规划核心元素。

（2）简述数据库设计的主要内容。

（3）维护数据库表都有哪些操作？

（4）试述视图在数据库应用系统中的作用。

（5）试述触发器在数据库应用系统中的作用。

2．判断题

（1）使用视图，我们可以将数据表中的数据进行重新组织，建立新的物理的数据集合。

（2）每个特定的数据库管理都是一个很专业的工作，通常由数据库管理员（DBA）来完成。

（3）只能由数据库管理员（DBA）来完成数据库的实施。

（4）数据库中的数据的操作方式很多，如果数据量很少，那么大多数情况下都是直接用数据库管理系统提供的工具来完成。

（5）触发器是过程化的 SQL 代码，可以用来执行某些不能在 DBMS 设计和实现级别执行的约束。

3．填空题

（1）一旦数据库设计完成，数据库管理员（DBA）就会＿＿＿＿＿进行数据库的创建。

（2）使用存储过程可以充分地降低网络负载，比单个的＿＿＿＿＿执行更可靠、更高效。

（3）最常见的前端开发程序是用户注册、＿＿＿＿＿功能模块的设计。

（4）多数据的数据库应用系统前端开发，都是利用应用编程接口（API）和＿＿＿＿＿方法，构建数据库操作的应用。

（5）一般而言，数据库设计目标就是设计一个数据库应用系统的＿＿＿＿＿。

4．单选题

（1）数据库应用系统开发的总体设计，不包括以下什么内容？（　　　）
　　　A．问题提出，需求分析　　　　　　B．硬件资源供应方式
　　　C．总体系统架构设计　　　　　　　D．系统功能的确立
（2）不是数据库设计的主要内容的是（　　　）。
　　　A．概念结构设计　　　　　　　　　B．逻辑结构设计
　　　C．用户操作界面的开发　　　　　　D．物理结构设计
（3）以下（　　　）不是数据库应用系统用户界面必不可少的功能。

A. 数据的标准化　　　　　　　B. 数据查询

C. 数据删除　　　　　　　　　D. 数据输入

(4)（　　）不是数据库中数据操作方式。

A. 利用数据库表中数据操作工具

B. SQL

C. 应用系统提供的用户操作的应用环境

D. 其他文本编辑工具

5．多选题

(1) 以下哪些是数据库应用系统开发人员？（　　　）

A. 应用系统使用者　　　　　　B. 应用系统需求提出者

C. 数据库设计人员　　　　　　D. 数据库实施人员

(2) 以下哪些是数据库应用系统必须有的功能模块？（　　　）

A. 用户管理　　B. 数据操作　　C. 数据查询　　D. 数据展示

"新华大学学生社团管理系统"数据库设计案例

    随着计算机网络技术和数据库技术的发展,利用网络和数据库进行日常事务管理越来越成为学校管理的重要方式。学生社团管理系统利用先进的数据存储和处理技术、网络通信技术和多媒体技术等,在学校各个社团与学生、教师及管理部门之间建立起有效的沟通机制和管理模式,为广大师生节省了大量时间和精力,也大大提高了学校社团管理工作的效率与质量,精简了学校管理机构。以下是"新华大学学生社团管理系统"(以下简称"高校社团管理系统")数据库设计案例,供学习数据库设计时参考。

1. 系统功能设计

    高校学生社团是当代高校学生最主要的学生组织形式之一。其形式多种多样,如探讨学术问题、社会问题的讨论研究会,因文学艺术、体育、音乐、美术等方面的爱好所组成的活动小组,还有学生会、青年志愿者协会、文学社等。高校社团管理系统主要是为了给校管理部门、教师及学生提供社团的方面信息。系统开发主要包括后台数据库的建立和维护以及前端应用程序的开发两个方面。系统主要完成社团分类与注册、成员管理、用户留言、新闻发布与浏览、社团活动管理和社团财务管理等功能。

    本案例针对以上"高校社团管理系统"的需求和目标,进行了总体设计,系统总体功能模块如图 A-1 所示。

    在此需要指出的是,我们将学生和学院(专业)信息管理模块划分到高校社团管理系统边界之外,将不在本实例中讨论。下面对高校社团管理信息系统中各相关功能模块分别进行简要介绍:

    (1) 社团人员管理模块——学生用户可以"申请参加社团",入社申请信息容包括社团名称和申请人学号等;同时,学生也可以"申请退出社团",之后管理员审核通过学生的入社或退社申请。

    (2) 社团管理模块——社团负责人用户可以"申请建立新社团",此时需要提供新

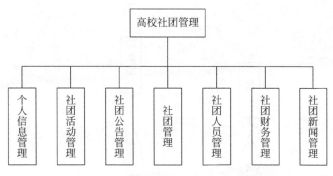

图 A-1 "高校社团管理系统"功能框架图

社团的名称、申请理由和申请人等相关信息;之后,管理员审核新社团申请。

管理员可以进行"社团信息查询"和"社团信息修改"等操作;另外管理员可以对社团进行停用和启用操作。

(3)个人信息管理模块——系统各类用户都可以录入和修改个人相关信息,其中包括重要的密码信息。

(4)社团活动管理模块——社团负责人用户提出"社团活动申请",此时需要提供社团活动全部相关信息,包括活动名称、活动负责人学号、活动开始时间、活动结束时间、活动地点和活动简介等;同时,与社团活动申请相关的审核状态、活动审批时间和活动提交时间等信息也被保存起来。

系统管理员用户在社团负责人提出社团活动申请后负责审核是否批准相关活动,如果批准则修改相应社团活动的审核状态等。

学生(社员)用户提出参加某个社团活动的申请,需要提供该社团活动和该申请社员的相关信息。

社团负责人用户负责审核申请参加某个相关社团活动申请人的申请。

(5)社团财务管理模块——社团负责人对社团的基本财务活动进行管理,生成"存取"或"支出"记录,其中包括涉及金额和操作人员信息。另外,管理员用户可以查询财务活动记录,从而进行简单的相关社团财务核查。

(6)社团公告管理和新闻管理模块——管理员用户可以发布公告,包括学校社团管理办法及各社团章程公告、社团运行的活动公告等,社团负责人可以对已发布的公告进行管理。社团负责人可以发布社团新闻,所有社团成员和游客都可以浏览社团新闻。

2. 概念结构设计

根据基本需求分析可以设计出该项目的数据库逻辑结构,其 E-R 图如图 A-2 所示。

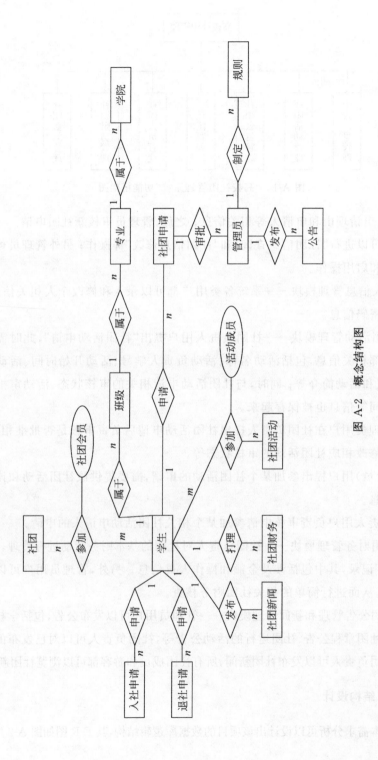

图 A-2 概念结构图

3. 逻辑结构设计

"高校社团管理系统"分布式数据库概述模型,基础数据关系模式设计如下:

学生(学号,登录密码,姓名,性别,班级编号,联系电话,状态,加入时间)

管理员(管理员账号,管理员密码,管理员姓名,性别,等级,加入时间,联系电话,状态)

社团申请(申请编号,社团名称,申请人学号,申请理由,审批人编号,审核时间,申请状态)

社团(社团编号,社团名称,社团简介,公告,成立日期,社团状态)

社团活动(社团编号,活动编号,活动名称,活动负责人学号,活动开始时间,活动结束时间,活动地点,活动简介,活动审批时间,活动提交时间,审核状态)

社团财务(社团编号,财务编号,操作人学号,资金额度,存取时间,详情,状态)

社团会员(社团编号,会员学号,加入时间,社团职务,会员状态)

社团新闻(社团编号,新闻编号,新闻名称,文章内容,发布时间,发布人,点击数,是否置顶)

活动成员(活动编号,参与成员学号,状态)

入社申请(社团编号,申请人学号,申请时间,审核状态)

公告(公告名称,公告内容,发布时间,发布人)

学院(学员编号,学院名称)

专业(院系编号,专业编号,专业名)

班级(专业编号,班级编号,班级名称)

规则(规则名称,规则内容,发布时间)

退社申请(申请编号,申请人学号,社团编号,退出时间)

4. 物理结构设计

"高校社团管理系统"的基础数据和物理结构如表 A-1～表 A-16 所示。

表 A-1　表结构 student

字　段　名	字 段 别 名	字 段 类 型	字 段 长 度	索　　　引	备　　注
student_id	学号	varchar	11	有(无重复)	主键
password	登录密码	varchar	36	—	—
name	姓名	varchar	20	—	—

续表

字 段 名	字 段 别 名	字 段 类 型	字 段 长 度	索 引	备 注
sex	性别	tinyint	1	—	—
class_id	班级编号	varchar	20	—	外键
phone	联系电话	char	11	—	—
status	状态	int	1	—	—
time	加入时间	int	20	—	—

表 A-2　表结构 admin

字 段 名	字 段 别 名	字 段 类 型	字 段 长 度	索 引	备 注
admin_id	管理员账号	varchar	10	有(无重复)	主键
password	管理员密码	varchar	36	—	—
name	管理员姓名	varchar	20	—	—
sex	性别	tinyint	1	—	—
level	等级	tinyint	1	—	—
phone	联系电话	varchar	20	—	—
time	加入时间	int	11	—	—
status	状态	tinyint	1	—	—

表 A-3　表结构 club_application

字 段 名	字 段 别 名	字 段 类 型	字 段 长 度	索 引	备 注
app_id	申请编号	int	10	有(无重复)	主键
club_name	社团名称	varchar	20	—	—
student_id	申请人学号	carchar	11	—	外键
reason	申请理由	char	200	—	—
app_status	申请状态	int	11	—	—
admin_id	审批人编号	varchar	10	—	外键
club_app_time	审核时间	int	11	—	—

表 A-4　表结构 club

字 段 名	字 段 别 名	字 段 类 型	字 段 长 度	索 引	备 注
club_id	社团编号	varchar	10	有(无重复)	主键
club_name	社团名称	varchar	20	—	—
introduce	社团简介	text	默认值	—	—
notice	公告	char	200	—	—
club_time	成立日期	int	11	—	—
club_status	社团状态	int	1	—	—

表 A-5　表结构 club_event

字 段 名	字 段 别 名	字 段 类 型	字 段 长 度	索　　引	备　　注
club_id	社团编号	varchar	10	有(无重复)	主键、外键
event_id	活动编号	int	10	—	主键
event_name	活动名称	varchar	20	—	—
pic_id	活动负责人学号	varchar	11	—	外键
start_time	活动开始时间	int	11	—	—
end_time	活动结束时间	int	11	—	—
event_place	活动地点	varchar	50	—	—
event_introduce	活动简介	varchar	200	—	—
event_apptime	活动审批时间	int	11	—	—
event_subtime	活动提交时间	int	11	—	—
event_status	审核状态	int	1	—	—

表 A-6　表结构 club_finance

字 段 名	字 段 别 名	字 段 类 型	字 段 长 度	索　　引	备　　注
club_id	社团编号	varchar	10	有(无重复)	主键、外键
finance_id	财务编号	varchar	10	—	主键
money_people	操作人学号	varchar	11	—	外键
money	资金额度	varchar	10	—	—
money_time	存取时间	int	20	—	—
money_details	详情	char	200	—	—
money_status	状态	tinyint	1	—	—

表 A-7　表结构 club_member

字 段 名	字 段 别 名	字 段 类 型	字 段 长 度	索　　引	备　　注
club_id	社团编号	varchar	10	有(无重复)	主键、外键
student_id	会员学号	varchar	11	—	主键、外键
join_time	加入时间	int	11	—	—
club_duties	社团职务	int	1	—	—
stu_status	会员状态	int	1	—	—

表 A-8　表结构 club_news

字 段 名	字 段 别 名	字 段 类 型	字 段 长 度	索　　引	备　　注
club_id	社团编号	varchar	10	有(无重复)	主键、外键
news_id	新闻编号	int	10	—	主键

续表

字 段 名	字 段 别 名	字 段 类 型	字 段 长 度	索 引	备 注
news_name	新闻名称	char	20	—	—
news_content	文章内容	text	默认值	—	—
news_time	发布时间	int	11	—	—
news_people	发布人	varchar	11	—	外键
click_count	点击数	int	11	—	—
top	是否置顶	tinyint	1		

表 A-9　表结构 event_member

字 段 名	字 段 别 名	字 段 类 型	字 段 长 度	索 引	备 注
event_id	活动编号	varchar	10	有(无重复)	主键
event_member_id	参与成员学号	varchar	11	—	主键、外键
event_member_status	状态	tinyint	1	—	—

表 A-10　表结构 member_app

字 段 名	字 段 别 名	字 段 类 型	字 段 长 度	索 引	备 注
club_id	社团编号	varchar	10	有(无重复)	主键、外键
student_id	申请人学号	varchar	11	—	主键、外键
memberapp_time	申请时间	int	20	—	—
memberapp_status	审核状态	tinyint	1	—	—

表 A-11　表结构 public_notice

字 段 名	字 段 别 名	字 段 类 型	字 段 长 度	索 引	备 注
notice_name	公告名称	varchar	20	有(无重复)	主键
public_content	公告内容	text	默认值	—	—
publish_time	发布时间	int	11	—	—
publish_admin	发布人	varchar	10	—	外键

表 A-12　表结构 academy

字 段 名	字 段 别 名	字 段 类 型	字 段 长 度	索 引	备 注
academy_id	学院编号	char	10	有(无重复)	主键
academy_name	学院名称	varchar	20		

表 A-13   表结构 major

字 段 名	字 段 别 名	字 段 类 型	字 段 长 度	索 引	备 注
academy_id	院系编号	char	10	有(无重复)	主键、外键
major_id	专业编号	char	10	—	主键
major_name	专业名	varchar	20	—	—

表 A-14   表结构 classes

字 段 名	字 段 别 名	字 段 类 型	字 段 长 度	索 引	备 注
major_id	专业编号	char	10	有(无重复)	主键、外键
class_id	班级编号	char	10	—	主键、外键
class_name	班级名称	varchar	20	—	—

表 A-15   表结构 rules

字 段 名	字 段 别 名	字 段 类 型	字 段 长 度	索 引	备 注
rule_name	规则名称	varchar	20	有(无重复)	主键
rule_content	规则内容	text	默认值	—	—
rule_time	发布时间	int	11	—	—

表 A-16   表结构 quit

字 段 名	字 段 别 名	字 段 类 型	字 段 长 度	索 引	备 注
quit_id	申请编号	int	11	有(无重复)	主键
student_id	申请人学号	varchar	11	—	外键
club_id	社团编号	varchar	10	—	外键
time	退出时间	int	11	—	—

"新华大学图书馆学生服务管理信息系统"数据库设计案例

图书馆是大学生阅读和学习的主要场所,可以说是承载整个大学生活核心记忆的地方。因为每所大学的图书馆都会成为代表大学形象的重要象征,成为大学网站和宣传内容的主要部分。

在大学智慧图书馆系统中,学生服务是其核心,也是大学践行"服务育人"的根本任务所在。图书馆的主要功能包括图书借阅服务、阅览室预约使用服务、计算机等智能终端设备的预约使用服务,以及有关深化阅读的知识分类、图谱、解说评论与交流反馈等服务。一套高效的智慧图书馆学生服务管理信息系统是提高图书馆效率的基础和必要条件。

基于这一出发点,"新华大学图书馆学生服务管理信息系统"这一数据库设计案例,供学习参考。

1. 系统功能设计

本案例针对智慧图书馆中的学生服务这一场景进行,学生服务部分又可以分为读者端和管理端两部分,分别供大学生读者和图书馆员使用,系统的总体功能设计如图 B-1 所示。

(1)读者端功能主要是针对大学生读者的日常图书借阅管理,包括登录管理、图书借阅、阅览室预约、设备预约等功能。

① 读者登录。读者要使用本系统,首先要通过登录管理功能进行登录。在登录管理模块,系统会检查学生用户账号和密码是否匹配,只有匹配之后才能使用本系统。学生用户还可以维护自己的个人信息,以及设置和修改登录密码。通常用户登录成功之后,系统还会给出各种提示,如最近的活动、新书榜、热书榜,以及用户的个人统计信息。

② 图书借阅。主要包括图书查询、借书、还书等功能。

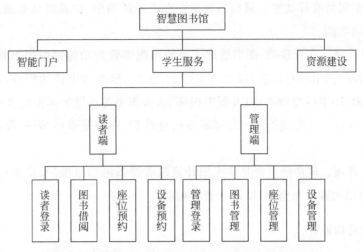

图 B-1 图书馆学生服务管理信息系统总体功能框架图

图书查询可以根据图书信息如书名、作者、出版社等单个信息查询馆存图书的基本信息和内容简介,也可以基于这些信息的组合进行精准的图书查找。

借书模块的功能是根据读者信息和图书信息实现图书借阅功能,并在借阅记录表中插入一条记录,记录借阅图书的学生信息和所借图书信息,自动以当前日期作为借阅时间,并根据学生信息和图书属性确定借阅时长。

还书模块则是当学生归还图书时使用,系统保留用户的借书信息,这样便于对学生借书信息进行统计,还可以为排出新书榜和热书榜等功能提供方便。另外,图书还书模块还包括图书超期处罚、图书损坏、丢失图书赔偿等功能。

③ 座位预约。该模块是学生预约使用预览室座位。为了方便学生使用阅览室座位,可以让学生通过网络或者智能终端(比如手机)提前预订阅览室座位,到时学生可以在阅览室门口终端通过手机扫码进入,终端自动计数,进行阅览室流量控制。

④ 设备预约。该模块供学生预约使用图书馆智能终端设备,一般主要是计算机设备。学生在使用计算机等设备前需要通过网络或者智能终端(比如手机)进行预约,预约成功后,系统分配账号和密码。在学生进入计算机室时通过手机扫描门口终端进入,终端自动计数,进行流量控制。学生可以在任意一台计算机上登录使用,系统自动计费。

(2) 管理端功能供图书管理人员使用,主要包括管理登录、图书管理、座位管理、设备管理等功能。

① 管理登录。管理人员进行管理,包括人员的增加、删除、修改、查看,还可以包括

管理人员的密码修改等功能。只有当馆员存在于系统当中,或者成功登录系统之后才能使用管理端功能。

②　图书管理。在管理端,图书管理人员使用图书管理功能进行图书管理,该功能除了提供通常的图书馆存信息,以及图书增加、删除、修改等维护功能外,还需要特别针对新书上架、图书信息修改,以及图书损坏、丢失图书等的维护调整提供支持。

③　座位管理。该功能提供阅览室座位信息维护、座位是否可预约、座位数量控制等功能。

④　设备管理。该功能主要是学生用计算机等设备的信息维护、是否可预约、人数控制、设备使用的账号和密码,以及计费等功能。

2. 概念结构设计

该系统由 5 个实体和 6 个联系组成。

实体分别是"学生"实体、"馆员"实体、"图书"实体、"座位"实体和"设备"实体。

联系包括:

"学生"实体和"图书"实体之间的多对多"图书借阅"联系。

"学生"实体与"座位"实体之间的多对多的"座位预约"联系。

"学生"实体与"设备"实体之间的多对多的"设备预约"联系。

"馆员"实体与"图书"实体之间的多对多的"图书管理"联系。

"馆员"实体与"座位"实体之间的多对多的"座位管理"联系。

"馆员"实体与"设备"实体之间的多对多的"设备管理"联系。

关于联系类型的分析,以"图书"实体相关的两个联系举例说明。"借阅"是"学生"实体与"图书"实体之间的多对多联系,即一个学生可以借阅多本图书,同时一本图书可以借给多名学生(可以是同一本书按照时间先后顺序,也可能是图书馆一本书有多本实体书),同时包括"借阅时间""借阅时长"等属性,由此组成"借阅"联系的有关内容。"图书"实体和"馆员"实体具有多对多的"管理"联系,即一名馆员可以管理多本图书,一本图书也可以被多名馆员管理,它包含"操作"及时间信息。

该系统完整的 E-R 模型,如图 B-2 所示。

3. 逻辑结构设计

在概念设计阶段对应的 5 个实体:"学生"实体、"图书"实体、"馆员"实体、"座位"实体、"设备"实体分别转换成数据库管理系统中的 5 个关系数据表,6 个联系也分别转

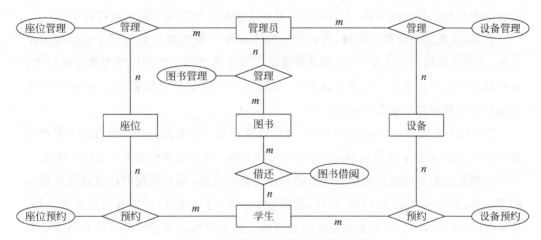

图 B-2   学生服务管理信息系统 E-R 图

换为 6 个关系表。

系统中表的具体设计如下,其中每个表中的关键字用下画线标识:

学生(学号,姓名,性别,学院,专业,班级)

密码(学号,密码)

图书(图书编号,书名,ISBN,作者,出版社,出版时间,内容简介,类型,状态,入库时间)

馆员(工号,姓名,性别,职务,职称,部门)

座位(座位号,位置,可预约否)

设备(设备号,位置,账号,密码,可预约否)

图书借阅(借阅编号,学号,图书编号,借阅时间,借阅时长)

图书管理(图书编号,工号,工单号,操作,入出库时间)

座位预约(座位号,学号,预约时间,使用时间,使用时长)

座位管理(座位号,工号,工单号,操作,分配时间)

设备预约(设备号,学号,预约时间,使用时间,使用时长)

设备管理(设备号,工号,工单号,操作,租用时间)

4. 物理结构设计

在智慧图书馆学生服务管理信息系统实际实现中,学生表可以从头开始建立,也可以从已有的如学生学籍信息表等其他数据库中导出。但是在学生学籍信息中可能包括更多的属性,这时需要将学生学籍信息表垂直分割为本系统需要的学生基本信息表和学生其他信息表两个表,本系统只需要导入相应的学生基本信息就可以了。

另外,从系统安全性上考虑,需要学生输入账号和密码登录系统后才可以使用本系统,这时需要增加学生密码表,用来存放每个学生的密码。我们以学号作为账号名,密码则需要从当前学生信息中分离出来,单独建立一个学生密码表(Password),学生其他信息仍然放到学生表(Student)中。

针对馆员来说,在进行图书管理时,也可以进行安全性考虑。如果馆员以工号作为登录账号,则需要建立馆员密码表来存储账号和密码。在本案例中暂不考虑这一情况。

如果系统中要增加热书榜和新书榜等热门统计功能,那么系统中还应该建立相应的关系表,系统可以定期(每周、每月,或者每年一次)进行统计,可以在用户登录之后,直接展示,这样可以较好地提高系统的友好性。热书榜和新书榜的库结构和图书表类似,直接增减一些字段即可,本案例中就不再单独列出。

至此,智慧图书馆学生服务管理信息系统设计基本完成,列出其最终基础数据和物理结构如下,其中学生表(Student)结构见表 B-1,学生密码表(Password)结构见表 B-2,图书表(Book)结构见表 B-3,馆员表(Librarian)结构见表 B-4,座位表(Seat)结构见表 B-5,设备表(Device)结构见表 B-6,图书借阅记录表(Record)结构见表 B-7,图书管理表(Book_Manage)结构见表 B-8,座位预约表(Seat_Order)结构见表 B-9,座位管理表(Seat_Manage)结构见表 B-10,设备预约表(Device_Order)结构见表 B-11,设备管理表(Device_Manage)结构见表 B-12。

表 B-1　Student 表结构

字 段 名	字 段 别 名	字 段 类 型	字 段 长 度	索　引	备　注
Student_id	学号	char	10	有(无重复)	主键
Student_name	姓名	char	16	—	—
Gender	性别	char	2	—	—
School	学院	varchar	20	—	—
Major	专业	varchar	20	—	—
Class	班级	varchar	20	—	—

表 B-2　Password 表结构

字 段 名	字 段 别 名	字 段 类 型	字 段 长 度	索　引	备　注
Student_id	学号	char	10	有(无重复)	主键
Password	密码	varchar	20	—	—

表 B-3 Book 表结构

字 段 名	字 段 别 名	字 段 类 型	字 段 长 度	索 引	备 注
Book_id	图书编号	char	19	有（无重复）	主键
Book_name	书名	varchar	16	—	—
ISBN	ISBN	char	19	—	—
Author	作者	varchar	16	—	—
Press	出版社	varchar	16	—	—
Publish_time	出版时间	datetime	默认值	—	—
Brief	内容简介	Text	默认值	—	—
Classification	类型	varchar	16	—	—
Status	状态	char	6	—	—
Storage_time	入库时间	datetime	默认值	—	—

表 B-4 Librarian 表结构

字 段 名	字 段 别 名	字 段 类 型	字 段 长 度	索 引	备 注
Lib_id	工号	char	10	有（无重复）	主键
Name	姓名	char	16	—	—
Gender	性别	char	2	—	—
Position	职务	varchar	10	—	—
Title	职称	varchar	10	—	—
Department	部门	varchar	20	—	—

表 B-5 Seat 表结构

字 段 名	字 段 别 名	字 段 类 型	字 段 长 度	索 引	备 注
Seat_id	座位号	char	10	有（无重复）	主键
Location	位置	char	16	—	—
Order	可预约否	Bool	1	—	—

表 B-6 Device 表结构

字 段 名	字 段 别 名	字 段 类 型	字 段 长 度	索 引	备 注
Device_id	设备号	char	10	有（无重复）	主键
Location	位置	char	16	—	—
Account	账号	char	10	—	—
Order	可预约否	Bool	1	—	—
Password	密码	char	20	—	—

表 B-7　Record 表结构

字　段　名	字段别名	字段类型	字段长度	索　　引	备　　注
Borrow_id	借阅编号	char	6	有（无重复）	主键
Student_id	学号	char	6	—	外键
Book_id	图书编号	char	19	—	外键
Borrow_time	借阅时间	datetime	默认值	—	—
Duration	借阅时长	datetime	默认值	—	—

表 B-8　Book_Manage 表结构

字　段　名	字段别名	字段类型	字段长度	索　　引	备　　注
Book_id	图书编号	char	19	—	外键
Lib_id	工号	char	10	—	外键
Book_Manage_id	工单号	char	6	有（无重复）	—
Operation	操作	varchar	20	—	—
Ope_time	入出库时间	datetime	默认值	—	—

表 B-9　Seat_Order 表结构

字　段　名	字段别名	字段类型	字段长度	索　　引	备　　注
Seat_id	座位号	char	10	—	外键
Student_id	学号	char	10	—	外键
Order_time	预约时间	datetime	默认值	—	—
Use_time	使用时间	datetime	默认值	—	—
Duration	使用时长	datetime	默认值	—	—

表 B-10　Seat_Manage 表结构

字　段　名	字段别名	字段类型	字段长度	索　　引	备　　注
Seat_id	座位号	char	10	—	外键
Lib_id	工号	char	10	—	外键
Seat_Manage_id	工单号	char	6	有（无重复）	—
Operation	操作	varchar	20	—	—
Ope_time	分配时间	datetime	默认值	—	—

表 B-11　Device_Order 表结构

字　段　名	字段别名	字段类型	字段长度	索　　引	备　　注
Device_id	设备号	char	10	—	外键
Student_id	学号	char	10	—	外键
Order_time	预约时间	datetime	默认值	—	—

续表

字 段 名	字 段 别 名	字 段 类 型	字 段 长 度	索 引	备 注
Use_time	使用时间	datetime	默认值	—	—
Duration	使用时长	datetime	默认值	—	—

表 B-12　Device_Manage 表结构

字 段 名	字 段 别 名	字 段 类 型	字 段 长 度	索 引	备 注
Device_id	设备号	char	10	—	外键
Lib_id	工号	char	10	—	外键
Device_Manage_id	工单号	char	6	有(无重复)	—
Operation	操作	varchar	20	—	—
Ope_time	租用时间	datetime	默认值	—	—

附录 C

习 题 解 答

本习题解答根据各章节习题给出了对应的部分参考答案。

C.1 走进 GaussDB

1. 思考题

(1) 信息和数据有什么区别?

答:数据与信息在概念上是有区别的。从信息处理的角度看,任何事物的存在方式和运动状态都可以通过数据来表示。经过加工处理后的数据,具有知识性,能够对人类活动产生作用,从而形成信息。信息是有用的数据,数据是信息的表现形式。信息是通过数据符号传播的。数据如不具有知识性和有用性则不能称其为信息,也就没有价值输入计算机或数据库中进行处理。从计算机的角度看,数据泛指那些可以被计算机接收并能够被计算机处理的符号,是数据库中存储的基本对象。

(2) 试述什么是数据库。

答:所谓数据库,是以一定的组织方式将相关的数据组织在一起的,长期存放在计算机内,可为多个用户共享的,与应用程序彼此独立、统一管理的数据集合。

(4) 数据库管理系统的功能是什么?

答:数据库管理系统(DataBase Management System,DBMS)是位于用户与操作系统之间,具有数据定义、管理和操作功能的软件集合。

无论是哪款数据库管理系统软件,都具有如下主要功能:

① 数据定义功能;

② 数据操作功能;

③ 数据库的运行管理功能;

④ 数据库的建立和维护功能。

(6) 简述 GaussDB(for MySQL)的特点。

答:① 超高性能。GaussDB(for MySQL)融合了传统数据库、云计算与新硬件技术等多方面技术,采用云化分布式架构,一台服务器每秒能够响应的查询次数(Query Per Second,QPS),可达百万级。支持高吞吐、强一致的事务管理性能,接近于原生 MySQL 的 7 倍,支持读/写分离,自动负载均衡。

② 高扩展性。GaussDB(for MySQL)基于华为最新一代 DFV 存储技术,采用计算存储分离架构,支持只读副本、快速故障迁移和恢复,主机与备机共享存储,存储量可达 128TB;通过分布式和虚拟化技术大大提升了 IT 资源的利用率,自动化分库、分表,拥有"应用透明开放架构"特性,可随时根据业务情况增加只读节点,扩展系统的数据存储能力和查询分析性能,即容量和性能可按照用户的需求进行自动扩展。

③ 高可靠性。GaussDB(for MySQL)具有高可用的跨 AZ 部署方案,支持数据透明加密,还支持自动数据全量、增量备份,一组数据拥有 3 份副本,可做到数据零丢失,安全可靠。

④ 高兼容性。GaussDB(for MySQL)完全兼容 MySQL,原有 MySQL 应用无须任何改造便可运行;并在兼容 MySQL 的基础上,针对性能进行了高度优化,提升了数据库管理系统的功能,同时改善了交互环境,有非常友好的用户工作界面,用户进行数据库操作时更方便、快捷。

⑤ 超低成本。GaussDB(for MySQL)既拥有商业数据库的高可用性,又具备开源低成本的特点;开箱即用,也可选择性地按需使用,无论是大中型数据库用户,还是中小型数据库用户,都可以找到适合自己需求的云数据库服务。

⑥ 易开发。GaussDB(for MySQL)兼容 SQL 2003 标准,支持存储过程和丰富的 API 接口,如(JDBC、ODBC、Python、C-API、Go),为数据库应用系统开发提供了便利;有一定关系型数据库基础和编程经验的用户可毫无障碍地快速进入,即便零基础的用户也能很容易地熟悉、学会相关的数据库管理技术。

2. 判断题

(1) √
(2) ×
(3) ×
(4) √
(5) √

3. 填空题

(1) 属性和运动状态

（2）长期存放在计算机内

（3）数据库模式

（4）数据库管理系统

（5）计算层和存储层

4. 单选题

（1）C

（2）B

（3）C

（4）D

5. 多选题

（1）A,B,C

（2）A,B,C,D

C.2　关系数据库

1. 思考题

（1）关系模型的主要特点是什么？

答：① 每一列中的分量是同一类型的数据，来自同一个域。

② 不同的列可出自同一个域，其中的每一列称为一个属性，不同的属性要给予不同的属性名。

③ 列的顺序随意。

④ 任意两个元组不能完全相同。

⑤ 行的顺序随意。

⑥ 分量必须取原子值。

（2）关系模型有哪些完整性约束？

答：实体完整性（Entity Integrity）；

参照完整性（Reference Integrity）；

用户自定义完整性（User-Defined Integrity）。

（5）试述并、交、差和笛卡儿积的定义。

答：并运算：两个已知关系 R 和 S 的并，将产生一个包含 R、S 中所有不同元组的新关系，记作 R∪S。

交运算：两个已知关系 R 和 S 的交，是属于 R 而且也属于 S 的元组组成的新关系，记作 R∩S。

差运算：两个已知关系 R 和 S 的差，是所有属于 R 但不属于 S 的元组组成的新关系，记作 R−S。

笛卡儿积：两个已知关系 R 和 S 的笛卡儿积，是 R 中每个元组与 S 中每个元组连接组成的新关系，记作 R×S。

（7）试述投影、选择、连接和除的定义。

答：投影是选择关系 R 中的若干属性组成新的关系，并去掉了重复元组，是对关系的属性进行筛选，记作 $\pi A(R) = \{ t[A] \mid t \in R \}$

选择是根据给定的条件选择关系 R 中的若干元组组成新的关系，是对关系的元组进行筛选。记作 $\sigma F(R) = \{t \mid t \in R \wedge F(t) = 真\}$。

连接是根据给定的条件，从两个已知关系 R 和 S 的笛卡儿积中，选取满足连接条件（属性之间）的若干元组组成新的关系。记作：

$$R \underset{A\theta B}{\bowtie} S\{\widehat{t_r t_s} \mid t_r \in R \wedge t_s \in S \wedge t_r[A]\theta t_s[B]\}$$

设有关系 R（X，Y）和 S（Y），其中 X、Y 可以是单个属性或属性集，由 R÷S 的结果组成的新关系为 T。

2. 判断题

（1）√

（2）×

（3）√

（4）√

（5）×

3. 填空题

（1）其他关系 S 的主码

（2）保持依赖

（3）删除异常

（4）关系的属性

（5）不可再分的基本数据项

4. 单选题

（1）A

（2）C

（3）C

（4）D

5. 多选题

（1）A,B,C,D

（2）A,B,D

C.3　数据库设计和建模

1. 思考题

（1）简述数据库设计的步骤。

答：① 需求分析；

② 概念结构设计；

③ 逻辑结构设计；

④ 物理结构设计；

⑤ 数据库实施；

⑥ 数据库运行和维护。

（2）需求分析阶段的主要工作是什么？

答：需求分析阶段工作任务是利用数据库设计理论和方法，对现实世界服务对象的现行系统进行详细调查，收集支持系统目标的基础数据及其数据处理需求，撰写需求分析报告。

（3）简述数据库概念结构的设计方法。

答：集中式设计法。根据用户需求由一个统一的机构或人员一次设计出数据库的全局 E-R 模式。其特点是容易保证 E-R 模式的统一性与一致性，但它仅适用于小型或并不复杂的数据库设计问题，对大型的或语义关联复杂的数据库设计并不适用。

分散-集成设计法。设计过程分解成两步，首先将一个企业或部门的用户需求，根据某种原则将其分解成若干个部分,并对每个部分设计局部 E-R 模式;然后将各个局部 E-R 模式进行集成,并消除集成过程中可能会出现的冲突,最终形成一个全局 E-R 模式。其特点是设计过程比较复杂,但能较好地反映用户需求,对于大型和复杂的数据库设计问题比较有效。

(4) 简述数据库逻辑结构的设计方法。

答:将概念模型转换成逻辑结构通常采用"二步式":一是按"转换规则"直接转换,二是进行关系模式的优化。

(5) 简述数据库物理结构的设计方法。

答:① 确定数据的存储结构。

② 选择合适的存取路径。

③ 确定数据的存放位置。

④ 确定存取分布。

2. 判断题

(1) √

(2) ×

(3) √

(4) ×

(5) √

3. 填空题

(1) 最初

(2) 存储介质上的数据库物理模型

(3) 命名冲突

(4) 一个关系模式

(5) 存储结构和存取方法

4. 单选题

(1) D

(2) C

(3) B

(4) C

5. 多选题

(1) A,B,C,D

(2) A,B,C

C.4 数据库预备知识

1. 思考题

(1) 有几种常用数据类型?

答:GaussDB(for MySQL)主要支持数值类型、文本类型和日期时间类型这三大类数据类型。

(2) 有几种常用函数?

答:GaussDB(for MySQL)函数包括数学函数、字符串函数、日期和时间函数、条件判断函数、系统信息函数和加密函数等。

(4) 简述日期函数的作用。

答:日期函数主要用于处理日期和时间数据。其中包括获取当前系统时间的函数、获取当前日期的函数、返回年份的函数和返回日期的函数等。

2. 判断题

(1) √

(2) √

(3) ×

(4) ×

(5) √

3. 填空题

(1) 最大列的长度

(2) 0 或 1

(3) 23,12

(4) GaussDB

(5) October

4. 单选题

(1) B

(2) D

(3) C

(4) A

5. 多选题

(1) A,B,D

(2) A,B,C,D

C.5 SQL

1. 思考题

(1) 简述 SQL 的特点。

答：① 语言功能的一体化；

② 非过程化；

③ 采用面向集合的操作方式；

④ 一种语法结构两种使用方式；

⑤ 语言结构简洁；

⑥ 支持三级模式结构。

(2) 简述 SQL 的功能。

答：① 数据定义(DDL)；

② 数据操作(DML)；

③ 数据控制(DDL)；

④ 系统存储过程。

(3) SQL 语句能完成哪些操作?

答：数据操作：SELECT,INSERT,UPDATE,DELETE。

数据定义：CREATE,ALTER,DROP。

数据控制：GRANT,REVOKE。

2. 判断题

(1) √

(2) √

(3) ×

(4) √

(5) ×

3. 填空题

(1) 顺序不一致

(2) 数据定义

(3) 授权

(4) 执行代价

(5) 关系数据库模式

4. 单选题

(1) C

(2) B

(3) B

(4) A

5. 多选题

(1) A,B,C,D

(2) A,B,D

C.6 数据库

1. 思考题

(1) 什么是云数据库?

答:云数据库是部署在"云端"(一个虚拟计算环境)的数据库系统,将传统的数据库系统配置在"云"上。客户可以与云计算供应商达成协议获得以具有特定功能和特定数据存储的特定数量的机器,机器数量和存储容量都可以根据需要来增加和缩减。除了提供计算服务,很多供应商还可以提供其他的服务,例如,能够通过使用 Web 服务应用编程接口来访问其他服务。不同于传统数据库,云数据库通过计算存储分离、存储在线扩容、计算弹性伸缩来提升数据库的可用性和可靠性。

(2) 常用的数据引擎有哪些?

答:GaussDB(for MySQL)支持 InnoDB、MyISAM、MEMORY、Archive、MERGE、EXAMPLE、CSV、BLACKHOLE、FEDERATE9 种存储引擎。

(3) 如何创建数据库?

答:创建数据库的过程,主要包括定义数据库的名称、大小、所有者和存储数据库的文件。

创建数据库的方法很多,不同数据库管理系统软件操作有差异,GaussDB(for MySQL)中常用的方法有使用 SQL 语句创建数据库和使用“新建数据库”视图工具来完成。

(5) 怎样定义数据库模式?

答:创建一个数据库,然后直接利用 SQL 数据表定义语句创建数据库中的所有表,并定义数据库表中的主、外键。执行 SQL 语句后,不仅完成了数据库表的创建,同时确定了数据库的全局模式。

2. 判断题

(1) √
(2) ×
(3) √
(4) √
(5) ×

3. 填空题

(1) 集中式的
(2) 存储层
(3) 删除
(4) USE 命令
(5) 删除数据库

4. 单选题

(1) D

(2) A

(3) B

(4) D

5. 多选题

(1) A,B,C

(2) A,B,C,D

C.7 文件组织与索引

1. 思考题

(1) 什么是文件组织?

答:所谓文件组织,就是当文件存储在磁盘上时,组织文件中的记录使用的方法。

(2) 简述索引的创建原则。

答:① 创建索引要由专人完成;

② 创建索引取决于表的数据量;

③ 索引数量要适度。

(3) 索引有哪些类型?

答:聚簇索引、非聚簇索引、普通索引、唯一索引 4 种类型。

2. 判断题

(1) √

(2) √

(3) ×

(4) √

(5) ×

3. 填空题

(1) 数据检索

（2）重复值

（3）聚簇索引

（4）空值

（5）第一个索引字段值

4．单选题

（1）B

（2）A

（3）D

（4）C

5．多选题

（1）A,B,C,D

（2）A,B,C,D

C.8 表与视图

1．思考题

（1）试述数据库表的特征。

答：表（table）是按数据关系存储数据，多个表构成了数据库的数据源。

（2）如何定义数据库表？

答：表的创建与使用通常分别在两个不同的操作环境中进行：一个是对表结构进行定义和维护，另一个是对表中数据进行输入和维护。

（4）什么是视图？

答：视图（View）是一种数据库对象，是从若干个表或视图中按照某个查询规则抽取的数据组成的"表"。与表不同的是，视图中的数据还是存储在原来的数据源中，因此可以把视图看作只是逻辑上存在的表，是一个"虚表"。

（5）试述视图的特性。

答：① 视图具有表的外观，可像表一样对其进行存取，但不占据数据存取的物理存储空间。

② 视图是数据库管理系统提供给用户以多种角度观察数据库中数据的重要机制，

可以重新组织数据集。在三层数据库体系结构中,视图是外模式,它从一个或几个表(或视图)中派生出来,它依赖于表,不能独立存在。

③ 若表中的数据发生变化,视图中的数据也随之改变。

④ 视图可以隐蔽数据结构的复杂性。

⑤ 视图使多个用户能以多个角度看待同一数据集,也可使多个用户以同一角度看待不同的数据集。

⑥ 视图对机密数据提供安全保障。

⑦ 视图为数据库重构提供一定的逻辑独立性。

⑧ 视图可以定制不同用户对数据的访问权限。

⑨ 视图的操作与表的操作基本相同。

2. 判断题

(1) √

(2) ×

(3) √

(4) √

(5) ×

3. 填空题

(1) 表或视图

(2) AUTO_INCREMENT

(3) 安全保障

(4) 其他的数据

(5) 或视图

4. 单选题

(1) C

(2) C

(3) B

(4) D

5. 多选题

(1) B,C,D

(2) A,B,C,D

C.9 数据查询

1. 思考题

(1) 试述 SELECT 语句的功能。

答：从指定的基本表或视图中，选择满足条件的行数据，并对它们进行分组、统计、排序和投影，形成查询结果集。

(2) 简述集函数种类。

答：

COUNT([DISTINCT|ALL] ＊)

COUNT([DISTINCT|ALL] 列名)

MIN([DISTINCT|ALL] 列名)

MAX([DISTINCT|ALL] 列名)

AVG([DISTINCT|ALL] 列名)

SUM([DISTINCT|ALL] 列名)

(6) 试述查询优化措施。

答：① 基于规则的查询优化：根据预定义的启发式规则对 SQL 语句进行优化。

② 基于代价的查询优化：对 SQL 语句对应的待选执行路径进行代价估算，从待选路径中选择代价最低的执行路径作为最终的执行计划。

③ 基于机器学习的查询优化：收集执行计划的特征信息，借助机器学习模型获得经验信息，进而对执行计划进行调优，获得最优的执行计划。

2. 判断题

(1) ×

(2) √

(3) ×

(4) √

(5) √

3. 填空题

(1) SUM( )

(2) 新的数据集

(3) 子查询

(4) 执行计划

(5) 代价最低的

4. 单选题

(1) D

(2) C

(3) B

(4) D

5. 多选题

(1) A,B,C,D

(2) A,B,D

C.10 数据库完整性

1. 思考题

(1) 什么是完整性约束?

答：关系的完整性的关键点在于关系应该满足一些约束条件,而这些条件实际上是现实世界的要求,任何关系在任何时候都要满足这些语义约束。

(2) 关系完整性具有哪些功能?

答：① 提供定义完整性约束条件的机制。

② 提供完整性检查的方法。

③ 违约处理。

(3) 简述定义用户自定义完整性方法。

答：用户定义的完整性就是针对某一具体应用的数据必须满足的语义要求。

(5) 什么是触发器？

答：触发器，顾名思义，就是当达到一定的条件时，触发某一件事。通常在进行数据违规操作时，多有触发器控制提示用户禁止操作。

(7) 什么是存储过程？

答：存储过程是一组 SQL 语句和逻辑控制的集合，它是一个具有专门用途的程序。它是数据库设计者利用相关领域知识和技能，预先设定的规则和标准，通过程序加以描述和控制，当需要实现其功能时，就执行程序。

2. 判断题

(1) ×

(2) √

(3) √

(4) ×

(5) √

3. 填空题

(1) 完整性约束条件

(2) 默认值和规则

(3) 实施完整性

(4) 数据必须满足

(5) 调用存储过程

4. 单选题

(1) A

(2) D

(3) C

(4) B

5. 多选题

(1) A,C,D

(2) A,B,C,D

C.11　数据库系统控制

1. 思考题

(1) 事务是什么？

答：事务(Transaction)是用户定义的一个数据库操作序列，这些操作要么全做，要么全不做，是一个不可分割的工作单位。或者说事务是构成单一逻辑工作单元的操作集合。

(2) 试述事务的特性。

答：① 原子性(Atomicity)指一个事务中的所有操作是不可分割的，要么全部执行，要么全部不执行。事务是一个不可再分割的工作单元。

② 一致性(Consistency)指一个被成功执行的事务，必须能使 DB 从一个一致性状态变为另一个一致性状态，数据不会因事务的执行而遭受破坏。

③ 隔离性(Isolation)是指当多个事务并发执行时，任一事务的执行不会受到其他事务的干扰，多个事务并发执行的结果与分别执行单个事务的结果是完全一样的，这就是事务的隔离性。一个事务内部的操作及使用的数据对其他并发事务是隔离的。

④ 持久性(Durability)是指事务被提交后，不管 DBMS 发生什么故障，该事务对 DB 的所有更新操作都会永远被保留在 DB 中，不会丢失，一个事务一旦完成全部操作后，它对数据库的所有更新应永久地反映在数据库中。

(3) 简述常见的故障。

答：事务故障、系统故障、介质故障。

(4) 简述常见的故障恢复技术。

答：事务故障恢复：在不影响其他事务运行的情况下，强行回滚该事务，使得该事务好像根本没有启动一样，恢复机制负责管理事务中止，典型的办法是维护一个中止日志(log)。

系统故障恢复：尚未完成的事务可能结果已经送入数据库，已经完成的事务可能有一部分留在缓存区，尚未写回到物理数据库中。系统重新启动后，恢复子系统需要撤销所有未完成的事务，还需要重做所有已经提交的事务，以将数据库真正恢复到一致状态。系统故障可以由系统自动恢复，或可以利用基于日志文件的数据恢复技术。

介质故障恢复：介质故障将破坏存放在外存的数据库中的部分或全部数据，因此，必须借助 DBA 的帮助，由 DBA 一起恢复。介质故障破坏的是磁盘上的部分(或全部)

物理 DB,甚至会破坏日志文件,而且也会破坏正在存取的物理数据的所有事务(它与事务故障和系统故障相比,对数据库的破坏性可能最大),最好用后备副本和日志文件进行数据库恢复,也可作数据库镜像进行数据库恢复。

(6) 什么是封锁?

答:封锁是实现并发控制的一个非常重要的技术。

一个事务对某个数据对象加锁后究竟拥有什么样的控制是由封锁的类型决定的。

(7) 试述并发调度的可串行性。

答:可串行性(Serializable)调度:是多个事务的并发执行是正确的,当且仅当其结果与按某次序串行地执行这些事务时的结果相同。

(8) 简述数据库的安全机制。

答:数据库安全性控制的常用方法有用户标识与鉴定、存取控制、视图、审计、密码存储。

2. 判断题

(1) √

(2) ×

(3) √

(4) ×

(5) √

3. 填空题

(1) 操作序列

(2) 调度

(3) 物理数据

(4) 串行调度

(5) 活锁

4. 单选题

(1) D

(2) B

(3) B

(4) C

5. 多选题

(1) A,B,C

(2) A,B,C,D

C.12　GaussDB(for MySQL)数据库管理系统

1. 思考题

(1) GaussDB(for MySQL)是什么?

答:GaussDB(for MySQL)是一款云数据库管理系统,是华为自主研发的最新一代企业级高扩展海量存储分布式数据库,完全兼容 MySQL。基于华为最新一代 DFV 存储技术,采用计算和存储分离的架构。最大支持 128T 数据量,无须进行分库分表的复杂操作,而且还能做到数据零丢失,同时提供了新颖的复制机制和恢复算法,在使用相同或更少副本的情况下能提供更好的可用性。提供的 Web 界面的管理控制台可以使用户方便快捷地完成 GaussDB(for MySQL)的相关操作。拥有商业数据库的高可用性,具备开源、低成本的效益。

(2) 简述云环境的不同。

答:在云上直接部署传统数据库的主要优点包括易于实现、无须更改、与现有软件完全兼容。然而,这种方法也有缺点。对于传统数据库,数据库大小受到本地存储大小的限制。使用云存储可以增加数据库的容量,但是存储成本、网络负载和数据库更新成本仍然很高,并且与副本数量成正比。因为每个数据库副本都需要维护自己的数据库。

(5) 简述 GaussDB(for MySQL)写流程的步骤。

答:① 用户事务导致数据页改变,并产生大量的日志记录。

② 为了持久化日志记录,SAL 将日志写入位于 3 个可用的 Log Store(日志存储)的 PLog 中。

③ 为了避免碎片化,同时兼顾 Log Store 节点的负载均衡,SAL 把 PLog 的大小设定在 64MB,当达到 64MB 后,SAL 会把当前的 PLog 关闭,并创建一个新的 PLog。

④ 一旦一个页面的日志记录被写入 Log Store,SAL 就会将其复制到该页面对应 Slice(切片)的写缓冲区中。

⑤ 每个发送的日志包都包括 Slice ID 和序列号,以便 Page Store(页存储)能够检测可能丢失的日志包。

⑥ 发送到 Slice 的最大的 LSN 称为 Slice flush LSN。

⑦ Log Store 接收连续的日志记录流。

⑧ 对于 Slice 的每个副本,SAL 记录对应连续的 LSN。对于未被 Slice 的所有副本收到的日志,则这些日志不能被清除。

(6) 简述 GaussDB(for MySQL)读流程的步骤。

答:数据库前端以页为单位读取数据。读取或修改数据时,数据库前端需要把对应的页面读取到缓冲池(buffer pool)中。当需要读取一个新的页面,但缓冲池已满时,系统必须淘汰掉一个页面来置换。

GaussDB 修改了页面淘汰算法,保证脏页对应的所有日志记录成功写入到至少一个 Page Store 之后才会淘汰该页面。因此,GaussDB 保证了在日志记录到达 Page Store 之前,对应页面可以从缓冲池中访问。淘汰后,立即就可以从 Page Store 中读取。

(7) 简述日志存储恢复的机理。

答:Log Store 的故障比较容易处理和恢复。一旦一个 Log Store 不可用,这个 Log Store 上的所有 PLog 都停止接收新的写入,并变为只读。因此,在临时故障之后不需要恢复。当诊断出永久故障时,故障节点从集群中移除。故障节点上的 PLog 会在集群中其他可用节点上通过复制其他可用的 PLog 副本来重建。

(8) 简述页存储恢复的机理。

答:从 Page Store 故障中恢复更为复杂。当一个 Page Store 的节点在临时故障之后重新上线后,它将启动与其他存有相同 Slice 副本的 Page Store 之间的 Gossip 通信。Gossip 协议帮助恢复当前重新上线的 Page Store 丢失的日志记录。

2. 判断题

(1) √
(2) ×
(3) √
(4) ×
(5) √

3. 填空题

(1) 有一个集中的数据库

(2) 复制因子

(3) 可用性

(4) Page Store

(5) 分层解耦

4. 单选题

(1) A

(2) C

(3) D

(4) A

5. 多选题

(1) A,B,C,D

(2) A,B,C,D

C.13　数据库应用系统开发的一般方法

1. 思考题

(1) 试述数据库应用系统总体规划核心元素。

答：① 问题提出，需求分析；

② 总体系统架构设计；

③ 系统功能的确立。

(2) 简述数据库设计的主要内容。

答：数据库设计的内容如下：

① 概念结构设计（参见主教材 3.3 节）；

② 逻辑结构设计（参见主教材 3.4 节）；

③ 物理结构设计（参见主教材 3.5 节）。

(4) 试述视图在数据库应用系统中的作用。

答：使用视图,可以将数据表中的数据进行重新组织,建立临时数据集合,也可以限制用户使用数据的范围,实现有用数据的保密。视图的另一个重要用途是可以进行批量的数据更新。

(5) 试述触发器在数据库应用系统中的作用。

答：触发器是过程化的 SQL 代码,可以用来执行某些不能在 DBMS 设计和实现级别执行的约束。触发器作为触发它的事务的一部分被执行。

2. 判断题

(1) ×

(2) √

(3) ×

(4) √

(5) √

3. 填空题

(1) 选择一个合适的方案

(2) SQL 操作命令

(3) 登录

(4) 数据库之间的关联

(5) 关系模式

4. 单选题

(1) B

(2) C

(3) A

(4) D

5. 多选题

(1) B,C,D

(2) A,B,C,D

参 考 文 献

[1] 李国良,周敏奇.OpenGauss 数据库核心技术[M].北京:清华大学出版社,2020.

[2] Siberschatz A,Korth H F,Sudarshan S.数据库系统概念[M].杨冬青,李红燕,唐世渭,译.北京:机械工业出版社,2012.

[3] Ullman J,Widom J.数据库系统基础教程[M].岳丽华,金培权,万寿红,等译.北京:机械工业出版社,2003.

[4] Hector Garcia-Molina,Ullman J,Widom J.数据库系统实现[M].杨冬青,吴愈青,包小源,等译.北京:机械工业出版社,2014.

[5] Ozsu M T,Valduriez P.分布式数据库原理[M].周立柱,范举,吴昊,等译.北京:清华大学出版社,2014.

[6] 李雁翎.数据库技术及应用[M].4 版.北京:高等教育出版社,2014.

[7] 姜桂洪,孙福振,苏晶.MySQL 数据库应用与开发习题解答与上机指导[M].北京:清华大学出版社,2018.

[8] Hetland M L.Python 基础教程[M].司维,曾军崴,谭颖华,译.北京:人民邮电大学出版社,2010.